木业自动化设备
电机拖动应用技术

主　编　易开发　邵自力

副主编　付建林　丰　波　王　杰
　　　　蒋承定　尹靖康

主　审　袁继池

北京理工大学出版社
BEIJING INSTITUTE OF TECHNOLOGY PRESS

内 容 简 介

本书是与万华禾香板业（荆门）有限公司共同开发的实训教材，依据现场工作情景任务，立足于高职木业智能设备类电动机拖动实训教学的需要，突出学生岗位职业能力的培养。实训内容以任务驱动的形式进行编排。全书依据电动机拖动技术分为九个任务：砂光除尘器排料电动机点动运行控制电路安装、调试与检修，刨花板切除边角料的锯盘电动机自锁控制电路安装、调试与检修，废料回收电动机正、反转控制电路安装、调试与检修，皮带运输电动机顺序控制电路安装、调试与检修，三相异步电动机多地控制电路安装、调试与检修，对角锯电动机自动往返控制电路安装、调试与检修，打磨鼓风电动机 Y-△降压启动控制电路安装、调试与检修，刨花板贴面机单按钮启停控制电路安装、调试与检修，起吊电动机能耗制动控制电路安装、调试与检修。

本书适合作为高职院校木业智能装备应用技术等专业相关课程的教学用书，也可作为相关工程技术人员培训和自学的参考书。

图书在版编目（CIP）数据

木业自动化设备电机拖动应用技术 / 易开发，邵自力主编. -- 北京：北京理工大学出版社，2022.7

ISBN 978-7-5763-1508-0

Ⅰ. ①木… Ⅱ. ①易… ②邵… Ⅲ. ①园林-工程-自动化设备-电力传动-高等职业教育-教材 Ⅳ. ①TU986.3-39

中国版本图书馆 CIP 数据核字（2022）第 130697 号

出版发行 / 北京理工大学出版社有限责任公司

社　　址 / 北京市海淀区中关村南大街 5 号

邮　　编 / 100081

电　　话 /（010）68914775（总编室）

　　　　　（010）82562903（教材售后服务热线）

　　　　　（010）68944723（其他图书服务热线）

网　　址 / http://www.bitpress.com.cn

经　　销 / 全国各地新华书店

印　　刷 / 唐山富达印务有限公司

开　　本 / 787 毫米×1092 毫米　1/16

印　　张 / 8　　　　　　　　　　　　　　　　　责任编辑 / 陈莉华

字　　数 / 175 千字　　　　　　　　　　　　　　文案编辑 / 陈莉华

版　　次 / 2022 年 7 月第 1 版　2022 年 7 月第 1 次印刷　　责任校对 / 周瑞红

定　　价 / 45.00 元　　　　　　　　　　　　　　责任印制 / 施胜娟

前　　言

　　2019 年，教育部先后印发《国家职业教育改革实施方案》《关于组织开展"十三五"职业教育国家规划教材建设工作的通知》《职业院校教材管理办法》，明确提出建设一大批校企"双元"合作开发的国家规划教材，倡导使用新型活页式、工作手册式教材并配套开发信息化资源。为落实立德树人、教书育人的根本任务，推进党的领导、习近平新时代中国特色社会主义思想进课程、进教材，结合市场调研和专家论证的基础上列出了九个任务，在行业和院校专家的指导下完成了本书的撰写。

　　本教材重点突出以下几个特点：

　　（1）内容的针对性：通过查阅资料，目前出版的关于电机拖动技术的教材基本是针对所有机电相关专业的内容，并没有单独细分针对木工设备的电机拖动技术教材，且大多偏向于理论化，不适应职业院校教学规律，而少数偏向实操的教材也没有和一线实际案例结合起来。本教材通过情景描述和任务实施，培养学生安全规范、精益求精的职业素养和职业精神。

　　（2）知识的实用性：本教材联合万华禾香板业（荆门）有限责任公司，针对木工加工行业的设备应用中的电机拖动技术进行了一定的梳理，并根据生产过程设计了一些典型实际案例让学生能够在学习中更贴近岗位。在人才培养过程中，根据实际案例项目化教学锻炼学生动手能力和调试设备的能力，在"做中学，学中做"，培养学生发现问题、解决问题的能力，在解决问题的过程中掌握电机拖动技术，为木业智能装备应用技术专业的学徒制建设打下坚实的基础，引导学生坚定"四个自信"，厚植爱国主义情怀，在知行合一、学以致用上下功夫。

　　（3）教材的新颖性：本教材以单个任务为单元组织教学，以活页的形式将任务贯穿起来，强调在知识的理解与掌握基础上的实践和应用，引导学生在完成任务的过程中查找资料解决问题，培养学生掌握一定理论的基础上，具有较强的实践能力和团队协作意识，引导学生锤炼品格 、学习知识、创新思维和奉献祖国。"以项目为主线、教师为引导、学生为主体",改变了以往"教师讲,学生听"被动的教学模式,创造了学生主动参与、自主协作、探索创新的新型教学模式。

　　本书由湖北生态工程职业技术学院易开发、邵自力老师担任主编,万华禾香板业(荆门)有限责任公司付建林高级工、湖北生态工程职业技术学院丰波、王杰、蒋承定、尹靖康担任副主编,项目一由易开发编写,项目二、九由邵自力编写,项目三由付建林编写,项目四由丰波编写,项目五由王杰编写,项目六、七由蒋承定编写,项目八由尹靖康编写。本书的策划工作和统稿工作由易开发、邵自力完成,湖北生态工程职业技术学院袁继池教授担任了本书的主审。本书的活页式教材编写思路也离不开湖北生态工程职业技术学院杨旭、张驰的悉心指导。由于编者水平有限,书中难免存在不妥之处,恳请读者批评指正,读者意见反馈邮箱:793740872@ qq. com。本书内容如不慎侵权,请来信告知。

编　者

目　　录

任务一　砂光除尘器排料电动机点动运行控制电路安装、调试与检修

项目名称	任务清单内容
任务情境	砂光是秸秆刨花板制品生产作业中的重要环节，砂光质量的好坏直接影响木制品的表面质量。在秸秆刨花板的表面砂光过程中会产生大量不同粒径和规格的粉尘，一般而言，砂光粉尘质量轻、粒径小且具有一定的黏度，飘散到空气中后会严重污染环境，若不及时处理，不仅会对机器后续加工和产品质量造成严重影响，而且还会危害操作工的身体健康，同时也是造成火灾的隐患。因此砂光除尘器要及时地排出粉尘保证产品正常生产，设备正常运行。在砂光除尘过程中使用的是排料电动机的点动控制原理，即当按下砂光除尘器排料电动机点动控制按钮时，电动机旋转，打开阀门开始排料，松开按钮时，电动机停转，关门阀门停止排料。需要手动操作按下按钮来控制电动机点动运行从而开启卸料转阀，再点动启动螺杆进行卸料。 　　那么如何实现电动机的点动运行控制呢？
任务目标	1）了解电器元件的基本知识； 2）理解点动的作用和实现方法，识读三相异步电动机点动电路原理图； 3）按工艺要求完成电气电路连接； 4）能进行电路的检查和故障排除。
任务要求	设计电气电路包含主电路的设计和辅助控制电路的设计。主电路设计：接通低压断路器 QF，电动机运转；断开低压断路器 QF，电动机停转。辅助控制电路设计：按下启动按钮 SB，KM 线圈得电，KM 主触点闭合，电动机启动；松开 SB，KM 线圈失电，KM 主触点断开，电动机停转。
任务分组	<table><tr><td>班级</td><td></td><td>组号</td><td></td><td>指导老师</td><td></td></tr><tr><td>组长</td><td></td><td>学号</td><td></td><td></td><td></td></tr><tr><td rowspan="4">组员</td><td></td><td></td><td></td><td></td><td></td></tr><tr><td></td><td></td><td></td><td></td><td></td></tr><tr><td></td><td></td><td></td><td></td><td></td></tr><tr><td></td><td></td><td></td><td></td><td></td></tr></table>

项目名称	任务清单内容
任务准备	**引导问题 1：** 简述砂光除尘器排料的工作过程。 **引导问题 2：** 电动机点动控制电路中所用的实训器材有哪些？ **引导问题 3：** 根据图 1-1 描述交流接触器控制三相异步电动机点动运行的工作原理。 图 1-1 三相异步电动机点动控制电路原理 点动控制原理 **小提示：** 1）回顾交流接触器的工作原理；2）KM 线圈和 KM 触点是一个整体，不要分割来看；3）注意启动按钮为点动。

项目名称	任务清单内容
任务准备	**引导问题4：** 简述电动机点动运行交流接触器控制主电路和辅助控制电路的接线设计思路。 ＿＿＿＿＿＿＿＿＿＿＿＿＿＿＿＿＿＿＿＿＿＿＿＿＿＿＿＿＿＿ ＿＿＿＿＿＿＿＿＿＿＿＿＿＿＿＿＿＿＿＿＿＿＿＿＿＿＿＿＿＿ **引导问题5：** 简述交流接触器的工作原理。 ＿＿＿＿＿＿＿＿＿＿＿＿＿＿＿＿＿＿＿＿＿＿＿＿＿＿＿＿＿＿ ＿＿＿＿＿＿＿＿＿＿＿＿＿＿＿＿＿＿＿＿＿＿＿＿＿＿＿＿＿＿ **引导问题6：** 配齐电路所需的元器件，如何进行必要的检测？ ＿＿＿＿＿＿＿＿＿＿＿＿＿＿＿＿＿＿＿＿＿＿＿＿＿＿＿＿＿＿ ＿＿＿＿＿＿＿＿＿＿＿＿＿＿＿＿＿＿＿＿＿＿＿＿＿＿＿＿＿＿ ＿＿＿＿＿＿＿＿＿＿＿＿＿＿＿＿＿＿＿＿＿＿＿＿＿＿＿＿＿＿
任务实施	**1. 识读电路图** 根据任务要求，明确图1-2所示电路中所用的元器件及其作用。 图1-2 三相异步电动机点动控制的辅助控制电路原理 点动接线及运行 **小提示：**1）理解熔断器的标识和作用；2）理解热继电器过载保护的原理和接线要求。

项目名称	任务清单内容
任务实施	**2. 实训工具、仪表和器材** 1）工具：_____，_____，_____， _____，_____。 2）仪表：_____，_____。 3）器材：_____，_____，_____， _____，_____，_____， _____，_____。 **3. 检测元器件** 在不通电的情况下，用万用表或目视检查各元器件触点的通断情况是否良好；检查熔断器的熔体是否完好；检查按钮中的螺钉是否完好，螺纹是否失效；检查交流接触器线圈的额定电压与电源电压是否相符。 **4. 绘制元器件安装接线图** 在图 1–3 中绘制三相异步电动机点动控制电路的元器件安装接线图。 图 1–3　三相异步电动机点动控制电路的元器件安装接线图 **小提示**：在控制板上进行元器件的布置与安装时各元器件的安装位置应整齐、匀称、间距合理，便于元器件的更换。

项目名称	任务清单内容
任务实施	**5. 连接硬件电路** 1）布线通道要尽可能＿＿＿＿＿＿＿＿＿＿，同路并行导线按主、辅电路（即主电路、辅助控制电路）分类集中，单层密排，紧贴安装面布线。 2）同一平面的导线应高、低一致或前、后一致，不能交叉。非交叉不可时，该根导线应在接线端子＿＿＿＿＿＿＿＿＿＿时就水平架空跨越，但必须走线合理。 3）布线应＿＿＿＿＿＿＿＿，＿＿＿＿＿＿＿＿＿＿＿＿＿＿＿＿＿＿＿＿＿＿，变换走向时应＿＿＿＿＿＿＿＿＿＿。 4）布线时严禁损伤＿＿＿＿＿＿＿＿＿和导线＿＿＿＿＿＿＿＿＿。 5）布线顺序一般以＿＿＿＿＿＿＿＿＿为中心，按由里向外、由低至高，先＿＿＿＿＿＿电路后＿＿＿＿＿＿电路的顺序进行，以不妨碍后续布线为原则。 6）在每根剥去绝缘层导线的两端套上＿＿＿＿＿＿＿＿＿所有从一个接线端子（或接线桩）到另一个接线端子（或接线桩）的导线必须＿＿＿＿＿＿＿＿，中间＿＿＿＿＿＿＿＿＿＿。 7）导线与接线端子或接线桩连接时，不得＿＿＿＿＿＿＿＿＿＿、不＿＿＿＿＿＿＿＿＿＿，以及不＿＿＿＿＿＿＿＿＿＿＿＿。 8）同一元件、同一回路的不同接点的导线间距离应＿＿＿＿＿＿＿＿＿。 9）一个电器元件接线端子上的连接导线不得多于＿＿＿＿＿＿＿＿根，每节接线端子板上的连接导线一般只允许连接＿＿＿＿＿＿＿＿＿＿根。 **6. 接线** （1）板前明线布线 由安装接线图（图1-3）进行板前明线布线，板前明线布线的工艺要求如下。 1）布线通道尽可能地少，同路并行导线按主、辅电路（图1-2）分类集中，单层密排，紧贴安装面布线。 2）同一平面的导线应高、低一致或前、后一致，走线合理，不能交叉或架空。 3）对螺栓式接线端子，导线连接时应打钩圈并按顺时针旋转；对瓦片式接线端子，导线连接时直接插入接线端子固定即可。导线连接不能压绝缘层，也不能露铜过长。 4）布线应横平竖直，分布均匀，变换走向时应垂直。 5）布线时严禁损伤线芯和导线绝缘层。 6）所有从一个接线端子（或接线桩）到另一个接线端子的导线必须完整，中间无接头。

项目名称	任务清单内容
任务实施	7）一个元器件接线端子上的连接导线不得多于两根。 8）进出线应合理汇集在端子板上。 （2）检查布线 根据安装接线图检查控制板布线是否正确。 （3）安装电动机 根据安装接线图安装电动机。 （4）安装接线注意事项 1）按钮内接线时，用力不可过猛，以防螺钉打滑。 2）按钮内部的接线不要接错，启动按钮必须接动合（常开）触点（可用万用表的电阻挡判别）。 3）交流接触器的自锁触点应并接在启动按钮的两端；停止按钮应串接在控制电路中。 4）热继电器的发热元件应串接在主电路中，其动断（常闭）触点应串接在控制电路中，两者缺一不可，否则不能起到过载保护作用。 5）电动机外壳必须可靠接 PE（保护接地）线。 **7. 不通电测试、通电测试** （1）不通电测试 1）按电路原理图（图 1-1）或安装接线图从电源端开始，逐段核对接线及接线端子是否正确，有无漏接、错接之处。检查导线接线端子是否符合要求，压接是否牢固。 2）用万用表检查电路的通断情况。检查时，应选用倍率适当的电阻挡，并进行欧姆调零，以防短路故障发生。检查控制电路时（可断开主电路），可将万用表两表笔分别接在 FU_2 的进线端和零线上，此时读数应为 ∞。按下启动按钮 SB 时，读数应为交流接触器线圈的电阻值；用手压下交流接触器 KM 的衔铁，读数也应为交流接触器线圈的电阻值。检查主电路时（可断开控制电路），可以用手压下交流接触器的衔铁来代替其得电吸合时的情况进行检查，依次测量从电源端（L_1、L_2、L_3）到电动机出线端子（U、V、W）上的每一相电路的电阻值，检查是否存在开路现象。 （2）通电测试 操作相应按钮，观察电器动作情况。接通低压断路器 QF，引入三相电源，按下启动按钮 SB，KM 线圈得电，衔铁吸合，KM 主触点闭合，电动机接通电源直接启动运转；松开 SB 时，KM 线圈失电，其辅助动合触点断开，从而电动机停止运行。

项目名称	任务清单内容
任务实施	**8. 故障排除** 　　操作过程中，如果出现不正常现象，应立即断开电源，分析故障原因，仔细检查电路（用万用表），在实训老师认可的情况下才能再次通电调试。 　　**引导问题**： 　　描述出现故障的原因，并分析过程： 　　———————————————————— 　　———————————————————— 　　———————————————————— 　　———————————————————— 　　———————————————————— 　　———————————————————— 　　———————————————————— 　　———————————————————— 　　———————————————————— 　　**小提示**：1）接通低压断路器 QF，按下按钮 SB 后分析后续相关动作； 2）松开按钮 SB 后会引起线圈失电，分析后续相关动作。
任务总结	通过完成上述任务，你学到了哪些知识和技能？

项目名称	任务清单内容
任务评价	各组代表展示作品，介绍任务的完成过程，并完成评价表 1-1～表 1-3 的填写。

表 1-1　学生自评表

班级：		姓名：		学号：

任务：砂光除尘器排料电动机点动运行控制

评价项目	评价标准	分值	得分
完成时间	60 min 满分，每多 10 min 减 1 分	10	
理论填写	正确率 100％为 10 分	10	
接线规范	操作规范、接线美观正确	20	
技能训练	通电测试正确	20	
任务创新	是否完成故障排除任务	10	
工作态度	态度端正，无迟到、旷课现象	10	
职业素养	安全生产、保护环境、爱护设施	20	
合计			

表 1-2　小组评价表

任务：砂光除尘器排料电动机点动运行控制

评价项目	分值	等级				评价对象____组
计划合理	10	优 10	良 8	中 6	差 4	
方案准确	10	优 10	良 8	中 6	差 4	
团队合作	10	优 10	良 8	中 6	差 4	
组织有序	10	优 10	良 8	中 6	差 4	
工作质量	10	优 10	良 8	中 6	差 4	
工作效率	10	优 10	良 8	中 6	差 4	
工作完整	10	优 10	良 8	中 6	差 4	
工作规范	10	优 10	良 8	中 6	差 4	
成果展示	20	优 20	良 16	中 12	差 8	
合计						

项目名称	任务清单内容
任务评价	**表 1-3　教师评价表**

班级：　　　　　　　　　姓名：　　　　　　　　　学号：

任务：砂光除尘器排料电动机点动运行控制

评价项目	评价标准	分值	
考勤	无迟到、旷课、早退现象	10	
完成时间	60 min 满分，每多 10 min 减 1 分	10	
理论填写	正确率 100% 为 10 分	10	
接线规范	操作规范、接线美观正确	20	
技能训练	通电测试正确	10	
任务创新	是否完成故障排除任务	10	
协调能力	与小组成员之间合作交流	10	
职业素养	安全生产、保护环境、爱护设施	10	
成果展示	能准确表达、汇报工作成果	10	
合计			
综合评价	自评 （20%）	小组互评 （30%）	教师评价 （50%）
			综合得分

知识学习

1. 点动运行的接触器电路控制

点动控制是指按下启动按钮，电动机就通电运转；松开按钮，电动机就断电停止运转。点动运行控制常用于机床模具的对模、工件位置的微调、电动葫芦的升降及机床维护与调试时对电动机的控制。

三相异步电动机的点动运行控制电路常用按钮和接触器等元件来实现，如图 1-1 所示。当按下按钮 SB 时，交流接触器 KM 线圈得电，其主触点闭合，为电动机引入三相电源，电动机 M 接通电源后直接启动并运行；当松开按钮 SB 时，KM 线圈失电，其主触点断开，电动机停止运行。

在点动运行控制电路中，由熔断器 FU_1、交流接触器 KM 的主触点、低压断路器 QF 及三相交流异步电动机 M 组成主电路部分；由熔断器 FU_2、启动按钮 SB、交流接触器 KM 的线圈等组成控制电路部分。

2. 布线工艺要求

1）布线通道尽可能地少，同路并行导线按主、辅电路分类集中，单层密排，紧贴安装面布线。

2）同一平面的导线应高、低一致或前、后一致，不能交叉。非交叉不可时，该根导线应在接线端子引出时就水平架空跨越，但必须布线合理。

3）布线应横平竖直、分布均匀，变换走向时应垂直。

4）布线时严禁损伤线芯和导线绝缘层。

5）布线顺序一般以接触器为中心，按由里向外、由低至高、先控制电路后主电路的顺序进行，以不妨碍后续布线为原则。

6）在每根剥去绝缘层导线的两端套上编码套管。所有从一个接线端子（或接线桩）到另一个接线端子（或接线桩）的导线必须无中间接头。

7）导线与接线端子（或接线桩）连接时，应不压绝缘层、不反圈及不露铜过长。

8）同一元件、同一回路的不同接点的导线间距离应保持一致。

9）一个电器元件接线端子上的连接导线不得多于两根，每节接线端子板上的连接导线一般只允许连接一根。

3. 三相异步电动机的基本工作原理

（1）三相异步电动机的基本特点及用途

异步电动机主要作为三相异步电动机使用。它是电力驱动系统中应用最为广泛的一种电动机。金属切削机床、卷扬机、冶炼设备、农业机械、船舰，轧钢设备的各种泵等，绝大部分都采用三相异步电动机拖动。

三相异步电动机得到广泛应用的原因是其具有结构简单、使用和维修方便、运行可靠、

三相异步
电机介绍

制造容易、成本低廉等优点。三相异步电动机运行时，必须从电网吸收无功功率，这将使电网的功率因数变小。由于电网的功率因数可以进行补偿，因此并没有妨碍三相异步电动机的使用。

三相异步电动机本身的调速性能较差，在要求具有较宽平滑调速范围的场合，一般采用直流电动机。近些年来，异步电动机交流调速系统发展迅速，使三相异步电动机的调速性能得以改善，因而其用途更加广泛。

（2）异步电动机的主要分类

异步电动机的种类繁多，从不同的角度有不同的分类法。

1）按定子相数，分为单相异步电动机、三相异步电动机。

2）按转子绕组形式，一般可分为绕线式和笼型两种类型。笼型异步电动机中又有单笼型、双笼型和深槽式之分。

3）按电动机尺寸或功率，分为大型、中型、小型和微型功率电动机。

4）按电动机的防护形式，分为开启式、防护式、封闭式等。

此外，还可以按电动机运行时的通风冷却方式、安装结构形式、绝缘等级、工作方式等分类。

（3）异步电动机的工作原理

异步电动机的工作原理是通过气隙旋转磁场与转子绕组中感应电流相互作用产生电磁转矩，从而实现能量转换，故异步电动机又称为感应电动机。笼型异步电动机的结构如图1-4所示，它由定子和转子两部分组成，两者之间有一个很小的空气隙。其定子铁芯槽内安放三相对称绕组，转子分为笼型转子和绕线式转子两种。转子外圆的槽内安放导体，导体两端用铜环短路，形成闭合回路，即转子绕组是自行闭路的。

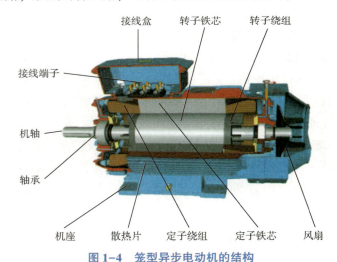

图1-4 笼型异步电动机的结构

4. 万用表的分类及基本原理

（1）分类

万用表分为模拟式万用表和数字式万用表两种类型。模拟式万用表是

数字万用表

由磁电式测量机构作为核心，用指针来显示被测量的数值；数字式万用表是由数字电压表作为核心，配以不同的转换器，用液晶显示屏显示被测量的数值。

（2）基本原理

万用表的基本原理是利用一只灵敏的磁电式直流电流表（微安表）作表头。当微小电流通过表头时，就会有电流显示。但表头不能通过大电流，所以，必须在表头上并联或串联一些电阻进行分流或降压，从而测出电路中的电流、电压和电阻。数字式万用表图解如图1-5所示。

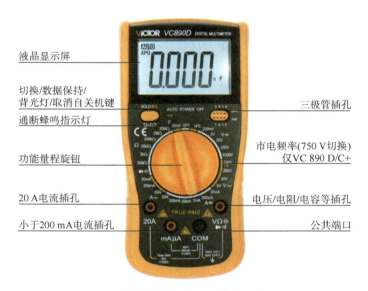

图1-5　数字式万用表图解

5. 万用表的使用方法及注意事项

以MF35型为例来介绍万用表的使用方法及注意事项。通过转换开关的旋钮来改变测量项目和测量量程。机械调零旋钮用来保持指针在静止处位于左零位。欧姆调零旋钮用来在测量电阻时使指针对准右零位，以保证测量数值的准确。

万用表的测量范围如下。

1）直流电压分6挡——0~6 V，0~30 V，0~150 V，0~300 V，0~600 V，0~30 kV。

2）交流电压分6挡——0~6 V，0~30 V，0~150 V，0~300 V，0~600 V，0~30 kV。

3）直流电流分6挡——0~2.5 mA，0~25 mA，0~250 mA，0~1 A，0~5 A，0~30 A。

4）交流电流分6挡——0~2.5 mA，0~25 mA，0~250 mA，0~1 A，0~5 A，0~30 A。

5）电阻分5挡——$R\times1$，$R\times10$，$R\times100$，$R\times1K$，$R\times10K$。

（1）测量电阻

先将两表笔搭在一起短路，使指针向右偏转，随即调整欧姆调零旋钮，使指针恰好指到0。然后将两表笔分别接触被测电阻（或电路）两端，读出指针在欧姆刻度线（第一条线）上的读数，再乘以该挡所标的数字，即可求得所测电阻的阻值。例如，用$R\times100$挡测量电阻，指针指在 80，则所测得的电阻值为 80×100 Ω = 8 kΩ。由于欧姆刻度线左部读数较密，难以看准，所以测量时应选择适当的电阻挡，使指针在刻度线的中部或右部，这样读数比较清楚准确。每次换挡时，都应重新将两表笔短接，重新调整指针到零位，这样才能测量准确。

（2）测量直流电压

首先估计一下被测电压的大小，然后将转换开关拨至适当的电压量程，将红表笔接被测电压"+"端，黑表笔接被测量电压"−"端。然后根据该挡量程数字与所标直流符号"DC−"刻度线（第二条线）上的指针所指数字，来读出被测电压的大小。若用 300 V 挡测量，则可以直接读 0~300 的指示数值；若用 30 V 挡测量，只需将刻度线上 300 这个数字去掉一个"0"，看成 30，再依次把 200、100 等数字看成 20、10 即可直接读出指针所指示的数值。例如，用 6 V 挡测量直流电压，指针指在 15，则所测电压值为 1.5 V。

（3）测量直流电流

先估计一下被测电流的大小，然后将转换开关拨至合适的电流量程，再把万用表串接在电路中。同时观察标有直流符号"DC"的刻度线，若电流量程选在 3 mA 挡，则应把表面刻度线上 300 的数字，去掉两个"0"，看成 3，又依次把 200、100 看成 2、1，这样就可以读出被测电流的数值。例如，用直流 3 mA 挡测量直流电流，指针在 100，则电流为 1 mA。

钳形电流表

（4）测量交流电压

测量交流电压的方法与测量直流电压相似，所不同的是因交流电没有正、负之分，所以在测量交流电压时，两表笔也就不需分正、负。读数方法与上述测量直流电压一样，只是应看标有交流符号"AC"的刻度线上的指针所指的位置。

注意事项

本任务所选用的交流接触器线圈的额定电压均为 220 V。

拓展训练

训练 1　说出本次实训所用的所有元器件（名称、型号、主要参数）。

训练 2　什么是点动控制？日常生活中有哪些现象应用了点动的功能？

任务二　刨花板切除边角料的锯盘电动机
自锁控制电路安装、调试与检修

任务清单：　刨花板切除边角料的锯盘电动机自锁控制

项目名称	任务清单内容
任务情境	刨花板是由木材或其他木质纤维材料制成的碎料，施加胶黏剂后在热力和压力作用下胶合成的人造板，又称碎料板。其主要用于家具制造和建筑工业及火车、汽车车厢制造，因为刨花板结构比较均匀，加工性能好，可以根据需要加工成大幅面的板材，所以是制作不同规格、样式家具的较好的原材料。制成品刨花板不需要再次干燥，可以直接使用，吸音和隔音性能也很好，然而在进行刨花板加工的过程中常会产生一些边角料，用电动机带动锯盘对刨花板边角料进行切除，这时切除边角料的电动机工作原理就是启动自锁控制，即按下启动按钮电动机持续运行，带动锯盘对刨花板的边角料进行持续切除。 　　那么如何实现电动机的自锁控制呢？
任务目标	1）了解电器元件的基本知识； 2）理解自锁的作用和实现方法，识读三相异步电动机自锁控制电路原理图； 3）按工艺要求完成电气电路连接； 4）能进行电路的检查和故障排除。
任务要求	首先接通低压断路器 QF。 　　启动：按下 SB_2→KM 线圈得电→KM 主触点闭合的同时其辅助动合触点闭合→电动机 M 启动连续运行。 　　停止：按下 SB_1→KM 线圈失电→KM 主触点分断的同时其辅助动合触点分断→电动机 M 停止运行。
任务分组	<table><tr><td>班级</td><td></td><td>组号</td><td></td><td>指导老师</td><td></td></tr><tr><td>组长</td><td></td><td>学号</td><td></td><td></td><td></td></tr><tr><td rowspan="4">组员</td><td></td><td></td><td></td><td></td></tr><tr><td></td><td></td><td></td><td></td></tr><tr><td></td><td></td><td></td><td></td></tr><tr><td></td><td></td><td></td><td></td></tr></table>

项目名称	任务清单内容
任务准备	**引导问题 1：** 简述刨花板边角料切除的工作过程。 _____ _____ _____ _____ **引导问题 2：** 电动机自锁控制电路中所用的实训器材有哪些？ _____ _____ _____ **引导问题 3：** 根据图 2-1 描述交流接触器自锁连续控制电动机运行的工作原理。 **自锁讲解** 图2-1　三相异步电动机自锁控制电路原理 _____ _____ _____ _____ _____

项目名称	任务清单内容
任务准备	**小提示**：1）回顾交流接触器的工作原理；2）KM 线圈和 KM 触点是一个整体，不要分割来看；3）注意启动按钮和停止按钮均为点动。 **引导问题 4：** 简述电动机自锁运行交流接触器控制主电路和辅助控制电路的安装接线的思路。 _____ _____ _____ **引导问题 5：** 简述交流接触器自锁触点的作用及其自锁的欠电压、失电压保护功能。 _____ _____ _____ **引导问题 6：** 配齐电路所需的元器件，如何进行必要的检测？ _____ _____ _____
任务实施	**1. 识读电路图** 根据任务要求，明确图 2-2 所示电路中所用的元器件及其作用。 **图 2-2　三相异步电动机连续控制的辅助控制电路原理**

自锁器材

项目名称	任务清单内容
任务实施	**小提示**：1）理解熔断器的标识和作用；2）理解热继电器过载保护的原理和接线要求。 **2. 实训工具、仪表和器材** 1）工具：_____，_____，_____， _____，_____。 2）仪表：_____，_____。 3）器材：_____，_____，_____， _____，_____，_____， _____，_____。 **3. 检测元器件** 　　在不通电的情况下，用万用表或目视检查各元器件触点的通断情况是否良好；检查熔断器的熔体是否完好；检查按钮中的螺钉是否完好，螺纹是否失效；检查交流接触器线圈的额定电压与电源电压是否相符。 **4. 绘制元器件安装接线图** 　　在图2-3中绘制三相异步电动机自锁控制电路的元器件安装接线图。 **图2-3　三相异步电动机自锁控制电路的元器件安装接线图** **小提示**：在控制板上进行元器件的布置与安装时各元器件的安装位置应整齐、匀称、间距合理，便于元器件的更换。

项目名称	任务清单内容
任务实施	**5. 连接硬件电路** 1）布线通道要尽可能_____，同路并行导线按主、辅电路分类集中，单层密排，紧贴安装面布线。 2）同一平面的导线应高、低一致或前、后一致，不能交叉。非交叉不可时，该根导线应在接线端子_____时就水平架空跨越，但必须走线合理。 3）布线应_____，_____，变换走向时应_____。 4）布线时严禁损伤_____和导线_____。 5）布线顺序一般以_____为中心，按由里向外、由低至高，先_____电路后_____电路的顺序进行，以不妨碍后续布线为原则。 6）在每根剥去绝缘层导线的两端套上_____。所有从一个接线端子（或接线桩）到另一个接线端子（或接线桩）的导线必须_____，中间_____。 7）导线与接线端子或接线桩连接时，不得_____、不_____，以及不_____。 8）同一元件、同一回路的不同接点的导线间距离应_____。 9）一个电器元件接线端子上的连接导线不得多于_____根，每节接线端子板上的连接导线一般只允许连接_____根。 **6. 接线** （1）板前明线布线 由安装接线图（图2-3）进行板前明线布线，板前明线布线的工艺要求如下。 1）布线通道尽可能地少，同路并行导线按主、辅电路（图2-2）分类集中，单层密排，紧贴安装面布线。 2）同一平面的导线应高、低一致或前、后一致，走线合理，不能交叉或架空。 3）对螺栓式接线端子，导线连接时应打钩圈并按顺时针旋转；对瓦片式接线端子，导线连接时直接插入接线端子固定即可。导线连接不能压绝缘层，也不能露铜过长。 4）布线应横平竖直、分布均匀，变换走向时应垂直。 5）布线时严禁损伤线芯和导线绝缘层。

项目名称	任务清单内容
任务实施	6）所有从一个接线端子（或接线桩）到另一个接线端子的导线必须完整，中间无接头。 7）一个元器件接线端子上的连接导线不得多于两根。 8）进出线应合理汇集在端子板上。 （2）检查布线 根据安装接线图检查控制板布线是否正确。 （3）安装电动机 根据安装接线图安装电动机。 （4）安装接线注意事项 1）按钮内接线时，用力不可过猛，以防螺钉打滑。 2）按钮内部的接线不要接错，启动按钮必须接动合触点（可用万用表的电阻挡判别）。 3）交流接触器的自锁触点应并接在启动按钮的两端；停止按钮应串接在控制电路中。 4）热继电器的发热元件应串接在主电路中，其动断触点应串接在控制电路中，两者缺一不可，否则不能起到过载保护作用。 5）电动机外壳必须可靠接 PE（保护接地）线。 **7. 不通电测试、通电测试** （1）不通电测试 1）按电路原理图（图 2-1）或安装接线图从电源端开始，逐段核对接线及接线端子是否正确，有无漏接、错接之处。检查导线接线端子是否符合要求，压接是否牢固。 2）用万用表检查电路的通断情况。检查时，应选用倍率适当的电阻挡，并进行欧姆调零，以防短路故障发生。检查控制电路时（可断开主电路），可将万用表两表笔分别接在 FU_2 的进线端和零线上，此时读数应为∞。按下启动按钮 SB_2 时，读数应为交流接触器线圈的电阻值；用手压下交流接触器 KM 的衔铁，读数也应为交流接触器线圈的电阻值。检查主电路时（可断开控制电路），可以用手压下交流接触器的衔铁来代替其得电吸合时的情况进行检查，依次测量从电源端（L_1、L_2、L_3）到电动机出线端子（U、V、W）上的每一相电路的电阻值，检查是否存在开路现象。 （2）通电测试 操作相应按钮，观察电器动作情况。接通低压断路器 QF，引入三相电源，按下启动按钮 SB_2，KM 线圈得电，衔铁吸合，KM 主触点闭合，电动机接通电源直接启动运转，按下停止按钮 SB_1，KM 线圈失电，其辅助动合触点断开，从而电动机停止运行。

项目名称	任务清单内容
任务实施	**8. 故障排除** 　　操作过程中，如果出现不正常现象，应立即断开电源，分析故障原因，仔细检查电路（用万用表），在实训老师认可的情况下才能再次通电调试。 　　**引导问题：** 　　描述出现故障的原因，并分析过程： 　　_____ 　　_____ 　　_____ 　　_____ 　　_____ 　　_____ 　　**小提示：**1）接通低压断路器 QF，按下按钮 SB_1、SB_2 后分析后续相关动作；2）按下按钮 SB_1 后会引起线圈失电，分析后续相关动作。
任务总结	通过完成上述任务，你学到了哪些知识和技能？

自锁排故

项目名称	任务清单内容
任务评价	各组代表展示作品，介绍任务的完成过程，并完成评价表 2-1~表 2-3 的填写。 表 2-1　学生自评表 （见下表） 表 2-2　小组评价表 （见下表）

表 2-1　学生自评表

班级：　　　　　　　　　　姓名：　　　　　　　　　　学号：

任务：刨花板切除边角料的锯盘电动机自锁控制

评价项目	评价标准	分值	得分
完成时间	60 min 满分，每多 10 min 减 1 分	10	
理论填写	正确率 100% 为 10 分	10	
接线规范	操作规范、接线美观正确	20	
技能训练	通电测试成功	20	
任务创新	是否完成故障排除任务	10	
工作态度	态度端正，无迟到、旷课现象	10	
职业素养	安全生产、保护环境、爱护设施	20	
合计			

表 2-2　小组评价表

任务：刨花板切除边角料的锯盘电动动机自锁控制

评价项目	分值	等级				评价对象____组
计划合理	10	优 10	良 8	中 6	差 4	
方案准确	10	优 10	良 8	中 6	差 4	
团队合作	10	优 10	良 8	中 6	差 4	
组织有序	10	优 10	良 8	中 6	差 4	
工作质量	10	优 10	良 8	中 6	差 4	
工作效率	10	优 10	良 8	中 6	差 4	
工作完整	10	优 10	良 8	中 6	差 4	
工作规范	10	优 10	良 8	中 6	差 4	
成果展示	20	优 20	良 16	中 12	差 8	
合计						

项目名称	任务清单内容

表2-3　教师评价表

任务评价	

班级：　　　　　　　　　　姓名：　　　　　　　　　　学号：

任务：刨花板切除边角料的锯盘电动机自锁控制

评价项目	评价标准	分值	
考勤	无迟到、旷课、早退现象	10	
完成时间	60 min 满分，每多 10 min 减 1 分	10	
理论填写	正确率100%为10分	10	
接线规范	操作规范、接线美观正确	20	
技能训练	通电测试成功	10	
任务创新	是否完成故障排除任务	10	
协调能力	与小组成员之间合作交流	10	
职业素养	安全生产、保护环境、爱护设施	10	
成果展示	能准确表达、汇报工作成果	10	
合计			
综合评价	自评 （20%）	小组互评 （30%）	教师评价 （50%）
			综合得分

知识学习

1. 自锁运行的电路控制

当启动按钮断开后，交流接触器通过自身的动合触点使其线圈保持得电的作用称为自锁。线路工作原理如下。

首先接通低压断路器 QF。

启动：按下 SB$_2$→KM 线圈得电→KM 主触点闭合的同时其动合触点闭合→电动机 M 启动连续运行。

停止：按下 SB$_2$→KM 线圈失电→KM 主触点分断的同时其动合触点分断→电动机 M 停止运行。

2. 空气开关的作用及特点

（1）空气开关的作用

空气开关又称空气断路器、低压断路器，是低压配电网络和电力拖动系统中非常重要的一种电器，集控制和多种保护功能于一身。它除了能完成接触和分断电路外，还能在电路或电器设备发生短路、严重过载及欠电压时及时地进行保护，同时也可以用于不频繁地启动电动机。其实物如图 2-4 所示。

图 2-4　空气开关实物

（2）空气开关的特点

空气开关具有操作安全、使用方便、工作可靠、安装简单、动作后（如短路故障排除后）不需要更换元件（如熔体）等优点。因此，在工业、住宅等方面获得广泛应用。

自动空气开关具有过载和短路两种保护功能，当电路发生过载、短路、失电压等故障时能自动跳闸，正常情况下可以用来不频繁地接通和断开电路，以及控制电动机的启动和停止。

自动空气开关有 DW 系列（称为框架式或万能式）和 DZ 系列（称为塑料外壳式或装置式）两种。DW 系列主要用作配电网络的保护开关及正常工作条件下不频繁地转换电路。DZ 系列作为配电网络的保护开关，也可用作电动机、照明电路的控制开关。空气开关结构示意如图 2-5 所示。

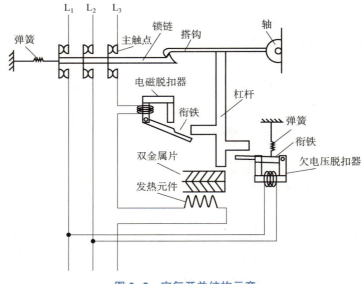

图 2-5　空气开关结构示意

3. 空气开关的工作原理

空气开关也就是断路器，在电路中的作用是接通、分断和承载额定工作电流，并能在电路和电动机发生过载、短路、欠电压的情况下进行可靠的保护。断路器的动、静触点及触杆设计成平行状并利用短路产生的电动斥力使动、静触点断开，其分断能力高、限流特性强。短路时，静触点周围的芳香族绝缘物升华，起冷却灭弧作用，飞弧距离为零。断路器的灭弧室采用金属栅片结构，触点系统具有斥力限流机构，因此，断路器具有很高的分断能力和限流能力。断路器按照脱扣方式可以分为热动、电磁和复式脱扣 3 种。当电路发生短路或严重过载电流时，短路电流超过瞬时脱扣整定电流值，电磁脱扣器产生足够大的吸力，将衔铁吸合并撞击杠杆，使搭钩绕转轴座向上转动与锁扣脱开，锁扣在反力弹簧的作用下将 3 对主触点分断，切断电源。当电路发生一般性过载时，过载电流虽不能使电磁脱扣器动作，但能使发热元件产生一定热量，促使双金属片受热向上弯曲，推动杠杆使搭钩与锁扣脱开，将主触点分断，切断电源。

4. 按钮开关的结构

按钮开关是一种短时接通或断开小电流电路的电器，它不直接控制主电路的通断，而在控制电路中发出手动"指令"去控制接触器、继电器等电器，再由它们去控制主电路，故称"主令电器"。按钮开关实物如图 2-6 所示。

图2-6　按钮开关实物

按钮开关由按钮帽、复位弹簧、固定触点、可动触点、外壳和支柱连杆等组成。其结构示意如图2-7所示。

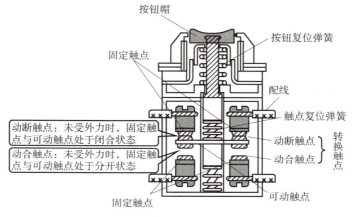

图2-7　按钮开关结构示意

动合触点：原始状态时（电器未受外力或线圈未通电），固定触点与可动触点处于分开状态。

动断触点：原始状态时（电器未受外力或线圈未通电），固定触点与可动触点处于闭合状态。

未按下时，动合按钮开关的触点是断开的，按下时触点闭合接通；当松开后，按钮开关在复位弹簧的作用下复位断开。在控制电路中，动合按钮常用来启动电动机，也称启动按钮。

动断按钮开关与动合按钮开关相反，未按下时，其触点是闭合的，按下时触点断开；当手松开后，按钮开关在复位弹簧的作用下复位闭合。动断按钮常用于控制电动机停车，也称停车按钮。

复合按钮开关：将动合与动断按钮开关组合为一体的按钮开关，即具有动断触点和动合触点。未按下时，动断触点是闭合的，动合触点是断开的。按下按钮时，动断触点首先断开，动合触点后闭合；当松开后，按钮开关在复位弹簧的作用下，首先将动合触点断开，继而将动断触点闭合。复合按钮用于联锁控制电路中。

5. 按钮开关的安装和使用

1）将按钮安装在面板上时，应布置整齐，排列合理，可根据电动机启动的先后次序，从上到下或从左到右排列。

2）按钮的安装固定应牢固，接线应可靠。应用红色按钮表示停止，绿色或黑色按钮表示启动或通电。

3）由于按钮触点间距离较小，若有油污等容易发生短路故障，因此应保持触点的清洁。

4）安装按钮的按钮板和按钮盒必须为金属，并设法使它们与机床总接地母线相连接。对于悬挂式按钮必须设有专用接地线，不得借用金属管作为地线。

5）按钮用于高温场合时，易使塑料变形老化而导致松动，引起接线螺钉间相碰短路，因此，可在接线螺钉处加套绝缘塑料管来防止短路。

6）带指示灯的按钮因灯泡发热，长期使用易使塑料灯罩变形，因此应降低灯泡电压，延长使用寿命。

7）"停止"按钮必须为红色；"急停"按钮必须为红色蘑菇头式；"启动"按钮必须有防护挡圈，且防护挡圈应高于按钮头，以防意外触动使电器设备误动作。

注意事项

本任务中所选用的交流接触器线圈的额定电压均为 220 V。

拓展训练

训练 1 说出本次实训所用的所有元器件（名称、型号、主要参数）。

训练 2 什么是自锁和自锁触点？为什么要设置自锁？

任务三　废料回收电动机正、反转控制电路安装、调试与检修

任务清单：废料回收电动机正、反转控制

项目名称	任务清单内容
任务情境	秸秆刨花板在自动化生产过程中最后会产生废料，这时我们需要将生产出的废料进行处理，等待运输车搬走。在对废料的处理过程中，用一台电动机带动一根螺杆，此时电动机正转，废料经过螺杆可以排放到表层料仓里，当控制电动机反转时可以把废料排放到另外一边的料仓里，这就是电动机正、反转控制在刨花板生产过程中的应用场景。 　　那么如何实现电动机的正、反转控制呢？
任务目标	1）了解电器元件的基本知识； 　　2）理解电动机正、反转的作用和实现方法，识读三相异步电动机正、反转控制电路原理图； 　　3）按工艺要求完成电气电路连接； 　　4）能进行电路的检查和故障排除。
任务要求	设计电气电路包含主电路的设计和辅助控制电路的设计。主电路设计：接通低压断路器 QF，电动机运转，断开 QF，电动机停转。辅助控制电路设计：按下启动按钮 SB_2，交流接触器 KM_1 主线圈得电，以保证 KM_1 辅助线圈持续得电，电动机连续正向运转；按下停止按钮 SB_1，交流接触器 KM_1 线圈失电，电动机停转；按下启动按钮 SB_3，交流接触器 KM_2 线圈得电，电动机连续反向运转。

任务分组

班级		组号		指导老师	
组长		学号			

组员			

项目名称	任务清单内容
任务准备	**引导问题 1：** 简述电动机正、反转运行控制的工作过程。 ——————————————————— ——————————————————— ——————————————————— **引导问题 2：** 电动机正、反转运行控制中所用的动合触点、动断触点的区别？ ——————————————————— ——————————————————— ——————————————————— **引导问题 3：** 根据图 3-1 描述交流接触器控制电动机正、反转运行的工作原理。 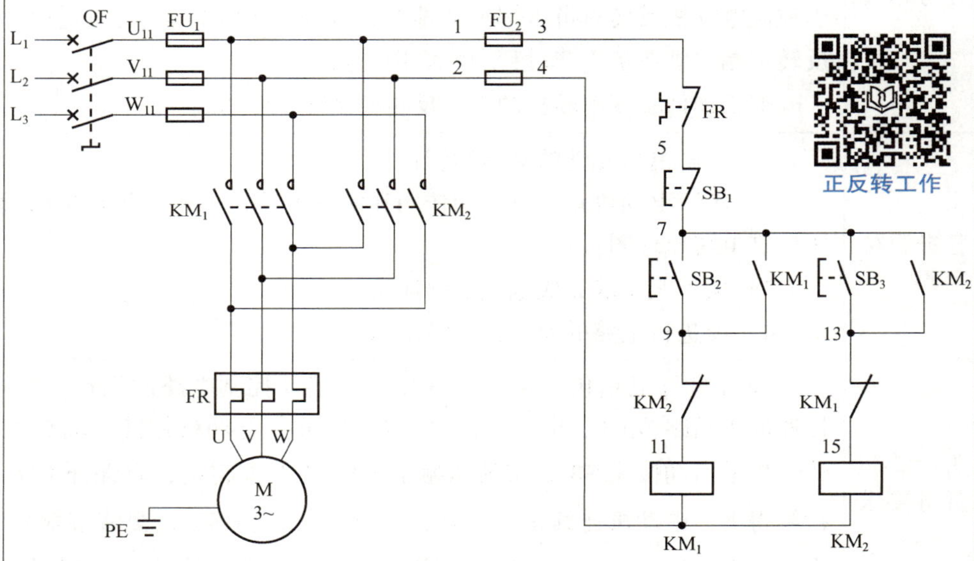 图 3-1　三相异步电动机正、反转控制电路原理 ——————————————————— ——————————————————— ——————————————————— **小提示：** 1）回顾交流接触器的工作原理；②交流接触器的线圈和其触点是一个整体，不要分割来看；②注意启动和停止按钮均为点动。

图 3-1　三相异步电动机正、反转控制电路原理

正反转工作

项目名称	任务清单内容
任务准备	**引导问题 4：** 简述电动机正、反转运行中交流接触器控制主电路和辅助控制电路的接线设计思路。 ———————————————————————— ———————————————————————— **引导问题 5：** 用什么方法可以使三相异步电动机转向？ ———————————————————————— ———————————————————————— **引导问题 6：** 什么是电气互锁？在三相异步电动机正、反转控制电路中是如何实现的？为什么要设置电气互锁？ ———————————————————————— ———————————————————————— ———————————————————————— ————————————————————————
任务实施	**1. 识读电路图** 根据任务要求，明确图 3-2 所示电路中所用的元器件及其作用。 FR SB₁ SB₂　KM₁　　SB₃　KM₂ KM₂　　　　KM₁ KM₁　　　KM₂ 正反转 正反转运行 **图 3-2　三相异步电动机正、反转控制的辅助控制电路原理**

项目名称	任务清单内容
任务实施	**小提示：** 1）理解熔断器的标识和作用；2）理解热继电器过载保护的原理和接线要求。 **2. 实训工具、仪表和器材** 1）工具：＿＿＿＿＿＿，＿＿＿＿＿＿，＿＿＿＿＿＿，＿＿＿＿＿＿，＿＿＿＿＿＿。 2）仪表：＿＿＿＿＿＿，＿＿＿＿＿＿。 3）器材：＿＿＿＿＿＿，＿＿＿＿＿＿，＿＿＿＿＿＿，＿＿＿＿＿＿，＿＿＿＿＿＿，＿＿＿＿＿＿，＿＿＿＿＿＿，＿＿＿＿＿＿。 **3. 检测元器件** 在不通电的情况下，用万用表或目视检查各元器件触点的通断情况是否良好；检查熔断器的熔体是否完好；检查按钮中的螺钉是否完好，螺纹是否失效；检查交流接触器线圈的额定电压与电源电压是否相符。 **4. 绘制元器件安装接线图** 在图3-3中绘制三相异步电动机正、反转控制电路的元器件安装接线图。 **图3-3 三相异步电动机正、反转控制电路的元器件安装接线图**

项目名称	任务清单内容
任务实施	根据元器件位置图，请自行完成线号管编制。 　　**小提示**：在控制板上进行元器件的布置与安装时各元器件的安装位置应整齐、匀称、间距合理，便于元器件的更换。 **5. 连接硬件电路** 　　1）布线通道要尽可能_____，同路并行导线按主、辅电路分类集中，单层密排，紧贴安装面布线。 　　2）同一平面的导线应高、低一致或前、后一致，不能交叉。非交叉不可时，该根导线应在接线端子_____时就水平架空跨越，但必须走线合理。 　　3）布线应_____，_____，变换走向时应_____。 　　4）布线时严禁损伤_____和导线_____。 　　5）布线顺序一般以_____为中心，按由里向外、由低至高，先_____电路后_____电路的顺序进行，以不妨碍后续布线为原则。 　　6）在每根剥去绝缘层导线的两端套上_____。所有从一个接线端子（或接线桩）到另一个接线端子（或接线桩）的导线必须_____，中间_____。 　　7）导线与接线端子（或接线桩）连接时，不得_____、不_____，以及不_____。 　　8）同一元件、同一回路的不同接点的导线间距离应_____。

项目名称	任务清单内容
任务实施	9）一个电器元件接线端子上的连接导线不得多于＿＿＿＿＿＿＿＿＿＿根，每节接线端子板上的连接导线一般只允许连接＿＿＿＿＿＿＿＿＿＿＿＿＿根。 **6. 接线** （1）板前明线布线 由安装接线图（图3-3）进行板前明线布线，板前明线布线的工艺要求如下。 1）布线通道尽可能地少，同路并行导线按主、辅电路（图3-2）分类集中，单层密排，紧贴安装面布线。 2）同一平面的导线应高、低一致或前、后一致，走线合理，不能交叉或架空。 3）对螺栓式接线端子，导线连接时应打钩圈并按顺时针旋转；对瓦片式接线端子，导线连接时直接插入接线端子固定即可。导线连接不能压绝缘层，也不能露铜过长。 4）布线应横平竖直、分布均匀，变换走向时应垂直。 5）布线时严禁损伤线芯和导线绝缘层。 6）所有从一个接线端子（或接线桩）到另一个接线端子的导线必须完整，中间无接头。 7）一个元器件接线端子上的连接导线不得多于两根。 8）进出线应合理汇集在端子板上。 （2）检查布线 根据安装接线图检查控制板布线是否正确。 （3）安装电动机 根据安装接线图安装电动机。 （4）安装接线注意事项 1）按钮内接线时，用力不可过猛，以防螺钉打滑。 2）按钮内部的接线不要接错，启动按钮必须接动合触点（可用万用表的电阻挡判别）。 3）电动机外壳必须可靠接 PE（保护接地）线。 **7. 不通电测试、通电测试** （1）不通电测试 1）按电路原理图（图3-1）或安装接线图从电源端开始，逐段核对接线及接线端子是否正确，有无漏接、错接之处。检查导线接线端子是否符合要求，压接是否牢固。

正反转接线

项目名称	任务清单内容
任务实施	2）用万用表检查电路的通断情况。检查时，应选用倍率适当的电阻挡，并进行欧姆调零，以防短路故障发生。检查辅助控制电路时（可断开主电路），可将万用表两表笔分别接在 FU_2 的进线端和零线上，此时读数应为∞。按下正转启动按钮 SB_2 或反转启动按钮 SB_3，读数应为交流接触器 KM_1 或 KM_2 线圈的电阻值；用手压下 KM_1 或 KM_2 的衔铁，使 KM_1 或 KM_2 的动合触点闭合，读数也应为交流接触器 KM_1 或 KM_2 线圈的电阻值。同时按下 SB_2 和 SB_3，或者同时用手压下 KM_1 和 KM_2 的衔铁，万用表读数应为∞。检查主电路时（可断开辅助控制电路），可以用手压下接触器的衔铁来代替其得电吸合时的情况进行检查，依次测量从电源端（L_1、L_2、L_3）到电动机出线端子（U、V、W）上的每一相电路的电阻值，检查是否存在开路现象。 3）用绝缘电阻表检查电路的绝缘电阻应不得小于 0.5 MΩ。 （2）通电测试 操作相应按钮，观察电器动作情况。接通低压断路器 QF，引入三相电源，按下正转启动按钮 SB_2，KM_1 线圈得电吸合并自锁，电动机正向启动运转；按下反转启动按钮 SB_3，KM_2 线圈得电吸合自锁，电动机反向启动运转；同时按下 SB_2 和 SB_3，KM_1 和 KM_2 线圈都不吸合，电动机不转。按下停止按钮 SB_1，电动机停止工作。 **8. 故障排除** 操作过程中，如果出现不正常现象，应立即断开电源，分析故障原因，仔细检查电路（用万用表），在实训老师认可的情况下才能再次通电调试。 正反转排故 **引导问题：** 描述出现故障的原因，并分析过程： _____ _____ _____ _____ _____ **小提示**：1）接通低压断路器 QF 后，按下按钮 SB_2、SB_3 后分析后续相关动作；2）松开按钮 SB_2、SB_3 后会引起线圈失电，分析后续相关动作。

项目名称	任务清单内容
任务总结	通过完成上述任务，你学到了哪些知识和技能？
任务评价	各组代表展示作品，介绍任务的完成过程，并完成评价表 3-1～表 3-3 的填写。

表 3-1　学生自评表

班级：	姓名：		学号：
任务：废料回收电动机正、反转控制			

评价项目	评价标准	分值	得分
完成时间	60 min 满分，每多 10 min 减 1 分	10	
理论填写	正确率 100% 为 10 分	10	
接线规范	操作规范、接线美观正确	20	
技能训练	通电测试正确	20	
任务创新	是否完成故障排除任务	10	
工作态度	态度端正，无迟到、旷课现象	10	
职业素养	安全生产、保护环境、爱护设施	20	
合计			

项目名称	任务清单内容

表 3-2　小组评价表

任务：废料回收电动机正、反转控制

评价项目	分值	等级				评价对象＿＿＿组
计划合理	10	优 10	良 8	中 6	差 4	
方案准确	10	优 10	良 8	中 6	差 4	
团队合作	10	优 10	良 8	中 6	差 4	
组织有序	10	优 10	良 8	中 6	差 4	
工作质量	10	优 10	良 8	中 6	差 4	
工作效率	10	优 10	良 8	中 6	差 4	
工作完整	10	优 10	良 8	中 6	差 4	
工作规范	10	优 10	良 8	中 6	差 4	
成果展示	20	优 20	良 16	中 12	差 8	
合计						

表 3-3　教师评价表

班级：		姓名：		学号：

任务：废料回收电动机正、反转运行控制

评价项目	评价标准	分值	
考勤	无迟到、旷课、早退现象	10	
完成时间	60 min 满分，每多 10 min 减 1 分	10	
理论填写	正确率 100% 为 10 分	10	
接线规范	操作规范、接线美观正确	20	
技能训练	通电测试正确	10	
任务创新	是否完成故障排除任务	10	
协调能力	与小组成员之间合作交流	10	
职业素养	安全生产、保护环境、爱护设施	10	
成果展示	能准确表达、汇报工作成果	10	
合计			
综合评价	自评 （20%）	小组互评 （30%）	教师评价 （50%）	综合得分

项目名称 行「任务评价」位于左侧栏。

1. 电动机正、反转的原理

电动机正、反转，代表的是电动机顺时针转动和逆时针转动。电动机顺时针转动是电动机正转，电动机逆时针转动是电动机反转。

要实现电动机的正、反转只要将接至电动机三相电源进线中的任意两相对调即可达到反转的目的。

主回路采用两个交流接触器，即正转交流接触器 KM_1 和反转交流接触器 KM_2。当 KM_1 的 3 对主触点接通时，三相电源的相序按 U — V — W 接入电动机。当 KM_1 的 3 对主触点断开，KM_2 的 3 对主触点接通时，三相电源的相序按 W — V — U 接入电动机，此时电动机向相反方向转动。电路要求 KM_1 和 KM_2 不能同时接通电源，否则它们的主触点将同时闭合，造成 U、W 两相电源短路。为此在 KM_1 和 KM_2 线圈各自支路中相互串联对方的一对辅助动断触点，以保证 KM_1 和 KM_2 不会同时接通电源。KM_1 和 KM_2 的这两对辅助动断触点在电路中所起的作用称为联锁或互锁作用，而这两对正向启动过程的辅助动断触点称为联锁或互锁触点。

电动机的正、反转在生活中被广泛使用，如行车、木工用的电刨床、台钻、刻丝机、甩干机和车床等。

2. 三相异步电动机正、反转控制运行过程

（1）正向启动过程

按下启动按钮 SB_2，交流接触器 KM_1 线圈得电，与 SB_2 并联的 KM_1 的辅助动合触点闭合，以保证 KM_1 线圈持续得电，同时串联在电动机回路中的 KM_1 的主触点持续闭合，电动机连续正向运转。

（2）停止过程

按下停止按钮 SB_1，交流接触器 KM_1 线圈失电，与 SB_2 并联的 KM_1 的辅助动合触点断开，以保证 KM_1 线圈持续失电，同时串联在电动机回路中的 KM_1 的主触点持续断开，切断电动机定子电源，电动机停转。

（3）反向启动过程

按下启动按钮 SB_3，交流接触器 KM_2 线圈得电，与 SB_3 并联的 KM_2 的辅助动合触点闭合，以保证 KM_2 线圈持续得电，同时串联在电动机回路中的 KM_2 的主触点持续闭合，电动机连续反向运转。

3. 动合触点与动断触点的区别

交流电路中的动合与动断的区别如下。

①动合在通电状态下是闭合的。

②动断在通电状态下是断开的。

③接触器动合分主触点动合和辅助触点动合。

④只有辅助触点有动断触点。

对于线圈不带电时，触点为断开状态的称为动合触点，闭合状态的称为动断触点；线圈得电时动合触点会闭合，而动断触点会断开。对于电器上配置的与主开关联动的辅助开关：当主开关合上时，辅助开关也合上，这种辅助开关就叫动合触点；当主开关断开时，动合触点也跟着断开。当主开关断开时，处于闭合状态的辅助开关叫作动断触点；当主开关合上时，辅助开关会断开。

4. 三相异步电动机正、反转互锁原理

交流接触器 KM_1 和 KM_2 的主触点不允许同时闭合，否则会造成两相电源短路事故。为了保证一个交流接触器得电动作时，另一个交流接触器不能得电动作，以避免电源的相间短路，所以在正转控制电路中串接了反转交流接触器 KM_2 的辅助动断触点，而在反转控制电路中串接了正转交流接触器 KM_1 的辅助动断触点。

当交流接触器 KM_1 得电动作时，串接在反转控制电路中的 KM_1 的动断触点分断，切断了反转控制电路，从而保证了当 KM_1 主触点闭合时，KM_2 的主触点不能闭合。同样，当交流接触器 KM_2 得电动作时，其动断触点分断，切断了正转控制电路，可靠地避免了两相电源短路事故的发生。

这种在一个交流接触器得电动作时，通过其辅助动断触点使另一个交流接触器不能得电动作的作用称为联锁（或互锁）。实现联锁作用的动断触点称为联锁触点（或互锁触点）。

5. 电动机启动时的注意事项

1）若启动时发现电动机冒火或启动后振动过大，则应立即拉闸，停机检查。

2）在正常情况下，厂用电动机允许在冷状态下启动两次，每次间隔不得少于 5 min；在热状态下只能启动一次。只有在处理事故时，以及启动时间不超过 3 s 的电动机，可多启动一次。

3）如果启动后发现电动机运转方向反了，则应立即拉闸、停电，调换三相电源任意两相接线后再次启动。

4）如果接通电源开关，电动机不转动，则应立即拉闸，查明原因、消除故障后重新启动。

5）接通电源开关后，电动机发出异常响声，应立即拉闸，检查电动机的传动装置及熔断器等。

6）接通电源开关后，应监视电动机的启动时间和电流表的变化，若启动时间过长或电流表迟迟不返回，则应立即拉闸，进行检查。

注意事项

本任务中所选用的交流接触器线圈的额定电压均为 220 V。

拓展训练

训练 1　说出本次实训所用的所有元器件（名称、型号、主要参数）。

训练 2　什么是正、反转运行控制？日常生活中有哪些现象应用了正、反转的功能？

任务四 皮带运输电动机顺序控制电路安装、调试与检修

项目名称	任务清单内容
任务情境	刨花板的刨花在运输过程中主要是由皮带运输机来实现的，皮带运输机是以运输带作为牵引和承载部件的连续运输机械。其运输带绕经驱动滚筒和各种改向滚筒，由拉紧装置给以适当的张紧力，工作时在驱动装置的驱动下，通过滚筒与运输带之间的摩擦力和张紧力，使运输带运行。刨花被连续地送到运输带上，并随着运输带一起运动，从而实现对物料的输送。而不同段的运输带都是由电动机来驱动的，每一段都有一个独立的电动机来带动，在运输过程中，每一段运输带的启动及停止都是顺序控制的。 　　那么如何实现电动机的顺序控制呢？
任务目标	1）了解电器元件的基本知识； 2）熟练掌握两台以上电动机顺序控制的工作原理； 3）掌握三相异步电动机顺序控制电路的安装与调试； 4）掌握顺序控制的基本原理。
任务要求	当交流接触器 KM_1 主触点接通时，电动机 M_1 接通三相电源启动运行；当交流接触器 KM_2 主触点接通时，电动机 M_2 接通三相电源启动运行。控制电路中，对两台电动机的启动顺序有约束：必须使 KM_1 动合触点闭合后按下 SB_2 才能启动电动机 M_2。
任务分组	<table><tr><td>班级</td><td></td><td>组号</td><td></td><td>指导老师</td><td></td></tr><tr><td>组长</td><td></td><td>学号</td><td></td><td></td><td></td></tr><tr><td rowspan="4">组员</td><td></td><td></td><td></td><td></td></tr><tr><td></td><td></td><td></td><td></td></tr><tr><td></td><td></td><td></td><td></td></tr><tr><td></td><td></td><td></td><td></td></tr></table>

项目名称	任务清单内容
任务准备	**引导问题 1：** 简述三相异步电动机顺序控制的工作过程。 _____ _____ _____ **引导问题 2：** 电动机顺序控制中所用的实训器材有哪些？ _____ _____ **引导问题 3：** 根据图 4-1 描述交流接触器顺序控制电动机运行的工作原理。 **图 4-1　三相异步电动机顺序控制电路原理** _____ _____ _____ _____

项目名称	任务清单内容
任务准备	**小提示**：1）回顾交流接触器的工作原理；2）交流接触器线圈和其触点是一个整体，不要分割来看；3）注意启动和停止按钮均为点动。 **引导问题 4**： 简述电动机顺序控制运行中交流接触器控制主电路和辅助控制电路的接线设计思路。 _____ _____ _____ _____ _____ **引导问题 5**： 简述热继电器的工作原理。 _____ _____ _____ _____ _____ **引导问题 6**： 了解三相异步电动机顺序控制的概念。 _____ _____ _____ _____ _____ _____

项目名称	任务清单内容
任务实施	**1. 识读电路图** 根据任务要求，明确图 4-2 所示电路中所用的元器件及其作用。 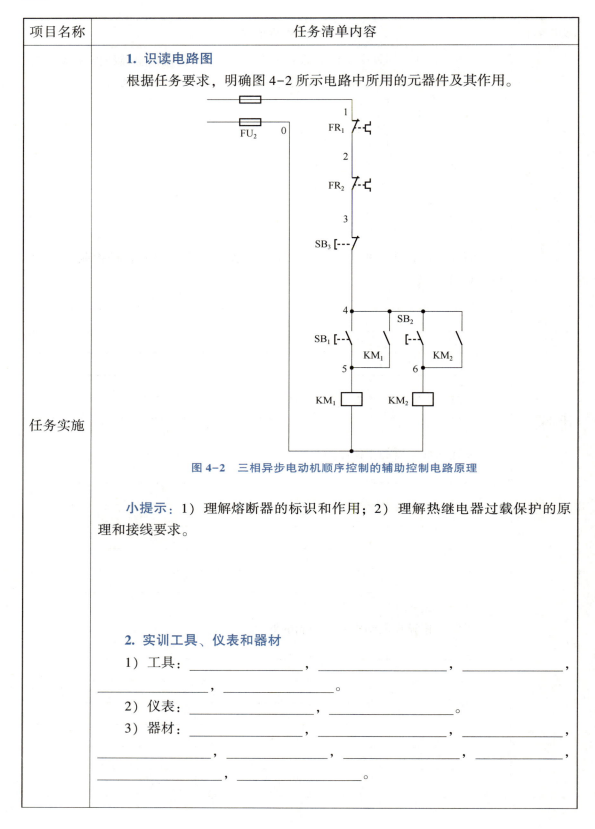 **图 4-2　三相异步电动机顺序控制的辅助控制电路原理** **小提示**：1）理解熔断器的标识和作用；2）理解热继电器过载保护的原理和接线要求。 **2. 实训工具、仪表和器材** 1）工具：＿＿＿＿＿＿＿＿，＿＿＿＿＿＿＿＿，＿＿＿＿＿＿， ＿＿＿＿＿＿＿＿，＿＿＿＿＿＿＿＿。 2）仪表：＿＿＿＿＿＿＿＿，＿＿＿＿＿＿＿＿。 3）器材：＿＿＿＿＿＿＿＿，＿＿＿＿＿＿＿＿，＿＿＿＿＿＿，＿＿＿＿＿＿＿＿，＿＿＿＿＿＿＿＿，＿＿＿＿＿＿，＿＿＿＿＿＿＿＿，＿＿＿＿＿＿＿＿。

项目名称	任务清单内容

3. 检测元器件

在不通电的情况下，用万用表或目视检查各元器件触点的通断情况是否良好；检查熔断器的熔体是否完好；检查按钮中的螺钉是否完好，螺纹是否失效；检查交流接触器线圈的额定电压与电源电压是否相符。

4. 绘制元器件布置图

在图 4-3 中绘制三相异步电动机顺序控制电路的元器件的安装接线图。

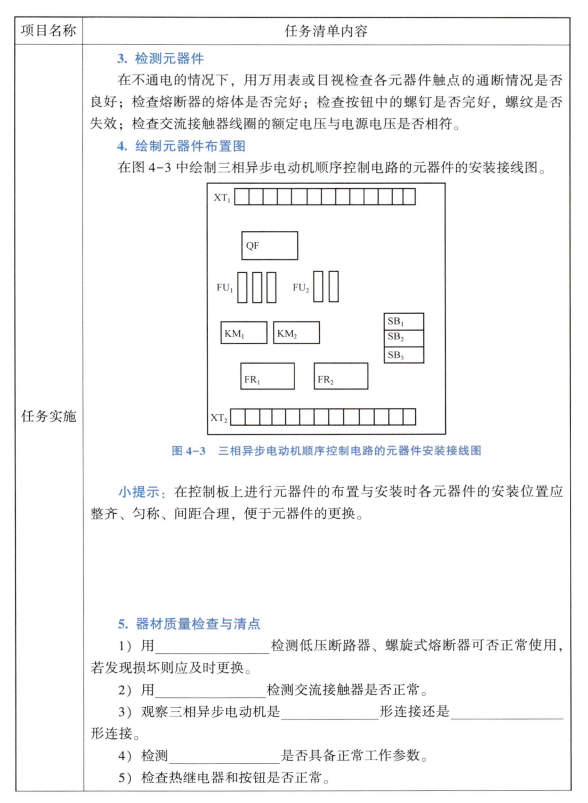

图 4-3　三相异步电动机顺序控制电路的元器件安装接线图

小提示：在控制板上进行元器件的布置与安装时各元器件的安装位置应整齐、匀称、间距合理，便于元器件的更换。

5. 器材质量检查与清点

1）用＿＿＿＿＿＿＿＿检测低压断路器、螺旋式熔断器可否正常使用，若发现损坏则应及时更换。

2）用＿＿＿＿＿＿＿＿检测交流接触器是否正常。

3）观察三相异步电动机是＿＿＿＿＿＿＿形连接还是＿＿＿＿＿＿＿形连接。

4）检测＿＿＿＿＿＿＿＿是否具备正常工作参数。

5）检查热继电器和按钮是否正常。

任务实施

项目名称	任务清单内容
任务实施	6）为了保证电动机正常运转而不至于发生损坏，电动机依然要有过载、短路、失电压/欠电压保护。过载保护的电器是＿＿＿＿＿＿＿，短路保护的电器是＿＿＿＿＿，失电压和欠电压保护的电器是＿＿＿＿＿＿＿＿。 **6. 安装、敷设电路基本步骤** 1）在控制板上安装＿＿＿＿＿＿＿，并贴上文字符号。 2）绘制电路的安装接线图，检查无误后，在控制板上按安装接线图进行布线和导线套编码套管。 3）用＿＿＿＿＿＿＿测试各绕组之间、绕组与外壳之间的绝缘电阻。 4）检查安装电动机，注意电动机的连接方式。 5）控制电路连接完成后，应进行自检。 **7. 接线** （1）板前明线布线 由安装接线图（图4-3）进行板前明线布线，板前明线布线的工艺要求如下。 1）布线通道尽可能地少，同路并行导线按主、辅电路（图4-2）分类集中，单层密排，紧贴安装面布线。 2）同一平面的导线应高、低一致或前、后一致，走线合理，不能交叉或架空。 3）对螺栓式接线端子，导线连接时应打钩圈并按顺时针旋转；对瓦片式接线端子，导线连接时直接插入接线端子固定即可。导线连接不能压绝缘层，也不能露铜过长。 4）布线应横平竖直、分布均匀，变换走向时应垂直。 5）布线时严禁损伤线芯和导线绝缘层。 6）所有从一个接线端子（或接线桩）到另一个接线端子的导线必须完整，中间无接头。 7）一个元器件接线端子上的连接导线不得多于两根。 8）进出线应合理汇集在端子板上。 （2）检查布线 根据安装接线图检查控制板布线是否正确。 （3）安装电动机 根据安装接线图安装电动机。 （4）安装接线注意事项 1）按钮内接线时，用力不可过猛，以防螺钉打滑。 2）按钮内部的接线不要接错，启动按钮必须接动合触点（可用万用表的电阻挡判别）。 顺序控制接线

项目名称	任务清单内容
任务实施	3）电动机外壳必须可靠接 PE（保护接地）线。 **8. 不通电测试、通电测试** （1）不通电测试 1）按电路原理图（图 4-1）或安装接线图从电源端开始，逐段核对接线及接线端子是否正确，有无漏接、错接之处。检查导线接线端子是否符合要求，压接是否牢固。 2）用万用表检查电路的通断情况。检查时，应选用倍率适当的电阻挡，并进行欧姆调零，以防短路故障发生。检查辅助控制电路时（可断开主电路），可将万用表两表笔分别接在 FU_2 的出线端和零线上，此时读数应为 ∞。按下启动按钮 SB_1，读数应为交流接触器 KM_1 线圈的电阻值；用手压下交流接触器 KM_1 的衔铁，使 KM_1 的动合触点闭合，读数也应为 KM_1 线圈的电阻值。同时按下 SB_1、SB_2 或同时用手压下 KM_1、KM_2 的衔铁，万用表读数应为 KM_1 和 KM_2 线圈并联的电阻值。检查主电路时（可断开辅助控制电路），可以用手压下接触器的衔铁来代替接触器得电吸合时的情况，依次测量从电源端（L_1、L_2、L_3）到电动机出线端子（U、V、W）上的每一相电路的电阻值，检查是否存在开路现象。 3）用绝缘电阻表检查电路的绝缘电阻，不得小于 0.5 MΩ。 （2）通电测试 操作相应按钮，观察电器动作情况。接通低压断路器 QF，引入三相电源，按下启动按钮 SB_1，KM_1 线圈得电吸合自锁，电动机 M_1 启动运转；接着按下启动按钮 SB_2，KM_2 线圈得电吸合自锁，电动机 M_2 启动运转。按下停止按钮 SB_3，两台电动机都停止。若启动时先按下按钮 SB_3，交流接触器 KM_1、KM_2 线圈都不能得电，两台电动机都不工作。 **9. 故障排除** 操作过程中，如果出现不正常现象，应立即断开电源，分析故障原因，仔细检查电路（用万用表），在实训老师认可的情况下才能再次通电调试。 引导问题： 描述出现故障的原因，并分析过程： _____ _____ _____ _____

项目名称	任务清单内容
任务实施	**小提示**：1）接通低压断路器 QF，按下按钮 SB₁、SB₂ 后分析后续相关动作；2）松开按钮 SB₁、SB₂ 后会引起线圈失电，分析后续相关动作。
任务总结	通过完成上述任务，你学到了哪些知识和技能？
任务评价	各组代表展示作品，介绍任务的完成过程，并完成评价表 4-1～表 4-3 的填写。

表 4-1　学生自评表

班级：		姓名：		学号：
任务：皮带运输电动机顺序控制				
评价项目	评价标准		分值	得分
完成时间	60 min 满分，每多 10 min 减 1 分		10	
理论填写	正确率 100% 为 10 分		10	
接线规范	操作规范、接线美观正确		20	
技能训练	通电测试正确		20	
任务创新	是否完成故障排除任务		10	
工作态度	态度端正，无迟到、旷课现象		10	
职业素养	安全生产、保护环境、爱护设施		20	
合计				

项目名称	任务清单内容

任务评价

表 4-2　小组评价表

任务：皮带运输电动机顺序控制

评价项目	分值	等级				评价对象＿＿＿组
计划合理	10	优 10	良 8	中 6	差 4	
方案准确	10	优 10	良 8	中 6	差 4	
团队合作	10	优 10	良 8	中 6	差 4	
组织有序	10	优 10	良 8	中 6	差 4	
工作质量	10	优 10	良 8	中 6	差 4	
工作效率	10	优 10	良 8	中 6	差 4	
工作完整	10	优 10	良 8	中 6	差 4	
工作规范	10	优 10	良 8	中 6	差 4	
成果展示	20	优 20	良 16	中 12	差 8	
合计						

表 4-3　教师评价表

班级：　　　　　　姓名：　　　　　　学号：

任务：皮带运输电动机顺序控制

评价项目	评价标准	分值	
考勤	无迟到、旷课、早退现象	10	
完成时间	60 min 满分，每多 10 min 减 1 分	10	
理论填写	正确率 100% 为 10 分	10	
接线规范	操作规范、接线美观正确	20	
技能训练	通电测试正确	10	
任务创新	是否完成故障排除任务	10	
协调能力	与小组成员之间合作交流	10	
职业素养	安全生产、保护环境、爱护设施	10	
成果展示	能准确表达、汇报工作成果	10	
合计			
综合评价	自评 （20%）	小组互评 （30%）	教师评价 （50%）	综合得分

1. 三相异步电动机的顺序控制

顺序运动是指多台电动机的启动和停止必须按一定的先后顺序来完成的控制方式。

利用第一台电动机的启动开关（一般为继电器或接触器的辅助触点）闭合后发出指令，第二台电动机的启动开关如用延时开关（机械式或电子式时间继电器）按一定程序启动电动机，这种延时开关多数用于机床控制和一些需抱闸制动后自动释放进行启动的机械中。在图 4-1 中按下启动按钮 SB_1，KM_1 线圈得电，KM_1 主触点闭合，电动机 M_1 启动运转，同时 KM_1 自锁触点闭合自锁。接着按下 SB_2 时，KM_2 线圈得电，KM_2 主触点闭合，电动机 M_2 启动运转，同时 KM_2 自锁触点闭合自锁。

按下停止按钮 SB_3，两台电动机同时停转。

2. 热继电器的工作原理

流入发热元件的电流产生热量，使有不同热膨胀系数的双金属片发生形变，当形变达到一定距离时，就推动连杆动作，使控制电路断开，从而使接触器失电，主电路断开，实现电动机的过载保护。

继电器作为电动机的过载保护元件，以其体积小、结构简单、成本低等优点在生产中得到广泛应用。

3. 热继电器的组成结构

热继电器由发热元件、双金属片、触点及一套传动和调整机构组成，如图 4-4 所示。

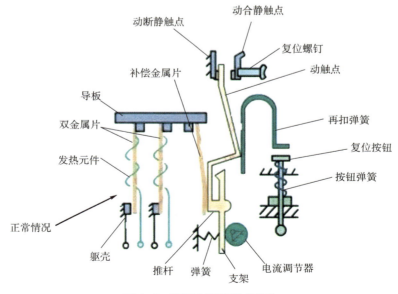

图 4-4　热继电器的组成结构

发热元件是一段阻值不大的电阻丝，串联在被保护电动机的主电路中。

双金属片由两种不同热膨胀系数的金属片辗压而成。图 4-4 中所示的双金属片，下层一片的热膨胀系数大，上层的较小。当电动机过载时，通过发热元件的电流超过整定电流，双金属片受热向上弯曲脱离扣板，使动断触点断开。由于动断触点是接在电动机的控制电路中，所以它的断开会使与其相接的接触器线圈失电，从而接触器主触点断开，电动机的主电路断电，实现过载保护。热继电器动作后，双金属片经过一段时间冷却，按下复位按钮即可复位。

辅助触点，通常是一动断（NC）、一动合（NO）触点，用于电动机启动器的控制回路中。

辅助触点的 NC 触点组可串联在控制电路的供电线路中（同停止按钮串联），一旦电动机过载，辅助触点的 NC 触点就会切断控制回路的电源，使电动机停止运转。

辅助触点的 NO 触点组可接报警设备（如报警指示灯），一旦电动机因过载而停止运转，就给出电动机停止的原因——过载。

4. 热继电器的使用注意事项

1）运行前，应检查接线和螺钉是否牢固可靠，动作机构是否灵活、正常，还要检查其整定电流是否符合要求。

2）定期清除污垢，双金属片上的锈斑可用布蘸汽油轻轻擦拭。

3）定期检查热继电器的零部件是否完好，有无松动和损坏现象，可动部分有无卡碰现象等，发现问题及时修复。

4）定期清除触点表面的锈斑和毛刺，若触点严重磨损至其厚度的 1/3，应及时更换。

5）热继电器的整定电流应与电动机的情况相适应，若发现其经常提前动作，可适当提高整定值；若发现电动机温升较高，而热继电器动作滞后，则应适当降低整定值。

6）热继电器动作后，必须对电动机和设备状况进行检查，为防止热继电器再次脱扣，一般采用手动复位。若其动作原因是电动机过载所致，则应采用自动复位。

7）对于易发生过载的场合，一般采用自动复位。

8）应定期校验热继电器的动作特性。

注意事项

本任务中所选用的交流接触器线圈的额定电压均为 220 V。

拓展训练

训练 1 说出本次实训所用的所有元器件（名称、型号、主要参数）。

训练 2 如何实现两台三相异步电动机的先后启动，以及停止时后启动的电动机先停止？

任务五　三相异步电动机多地控制电路安装、调试与检修

任务清单：三相异步电动机多地控制

项目名称	任务清单内容
任务情境	对于制作刨花板的大型设备，为了操作方便，常要求多个地点进行控制操作；在某些机械设备上，为保证操作安全，只有当多个条件满足时设备才能开始工作，这样的控制要求可通过在电路中串联或并联电器的动断触点和动合触点来实现。多地控制线路只需多用几个启动按钮和停止按钮，无须增加其他电器元件。启动按钮应并联，停止按钮应串联，分别装在不同的地方，但是要注意多点控制和多条件控制的区别，在逻辑电路中逻辑"或"为多点控制，逻辑"与"为多条件控制。多条件控制虽然控制烦琐，但是可以安全可靠地操作大型设备，避免不必要的意外发生。那么如何实现电动机的多地控制呢？
任务目标	1）了解三相异步电动机多地控制的基本知识； 　　2）理解多地控制的作用和实现方法，识读三相异步电动机多地控制电路原理图； 　　3）按工艺要求完成电气电路连接； 　　4）能进行电路的检查和故障排除。
任务要求	1）分别在甲、乙两地启动和停止同一台电动机，SB_1 与 SB_2 分别为甲地的停止与启动按钮，SB_3 与 SB_4 分别为乙地的停止与启动按钮。 　　2）主、辅电路具有短路保护。 　　3）电动机具有过载保护。 　　4）电路能实现失电压、欠电压保护。
任务分组	<table><tr><td>班级</td><td></td><td>组号</td><td></td><td>指导老师</td><td></td></tr><tr><td>组长</td><td></td><td>学号</td><td colspan="4"></td></tr><tr><td rowspan="4">组员</td><td colspan="5"></td></tr><tr><td colspan="5"></td></tr><tr><td colspan="5"></td></tr><tr><td colspan="5"></td></tr></table>

项目名称	任务清单内容
任务准备	**引导问题 1：** 简述三相异步电动机多地控制概念。 **引导问题 2：** 电动机多地控制中所用的实训器材有哪些？ **引导问题 3：** 根据图 5-1 描述电动机两地控制运行的工作原理。 ![figure] 图 5-1 三相异步电动机两地控制电路原理 两地控制原理 **小提示：**1）回顾交流接触器的工作原理；2）KM 线圈和 KM 触点是一个整体，不要分割来看；3）注意启动和停止按钮均为点动。

项目名称	任务清单内容
任务准备	**引导问题 4**： 两地控制电路实现的方法是什么？ _____ _____ **引导问题 5**： 如何实现多地控制？ _____ _____ **引导问题 6**： 配齐电路所需的元器件，如何进行必要的检测？ _____ _____ _____
任务实施	**1. 识读电路图** 根据任务要求，明确图 5-2 所示电路中所用的元器件及其作用。 图 5-2　三相异步电动机多地控制的辅助控制电路原理 **两地接线及运行** **小提示**：1）理解熔断器标识和作用；2）理解热继电器过载保护的原理和热继电器的接线要求。

项目名称	任务清单内容
任务实施	**2. 实训工具、仪表和器材** 1）工具：＿＿＿＿＿＿＿，＿＿＿＿＿＿＿＿＿，＿＿＿＿＿＿＿， ＿＿＿＿＿＿＿，＿＿＿＿＿＿＿＿＿。 2）仪表：＿＿＿＿＿＿＿＿＿，＿＿＿＿＿＿＿＿＿。 3）器材：＿＿＿＿＿＿＿，＿＿＿＿＿＿＿，＿＿＿＿＿＿＿， ＿＿＿＿＿＿＿，＿＿＿＿＿＿＿，＿＿＿＿＿＿＿， ＿＿＿＿＿＿＿。 **3. 检测元器件** 在不通电的情况下，用万用表或目视检查各元器件触点的通断情况是否良好；检查熔断器的熔体是否完好；检查按钮中的螺钉是否完好，螺纹是否失效；检查交流接触器的线圈额定电压与电源电压是否相符。 **4. 绘制元器件安装接线图** 在图 5-3 中绘制三相异步电动机多地控制电路的元器件安装接线图。 **图 5-3　三相异步电动机多地控制电路的元器件安装接线图** **小提示**：在控制板上进行元器件的布置与安装时各元器件的安装位置应整齐、匀称、间距合理，便于元器件的更换。

项目名称	任务清单内容
任务实施	**5. 电路各元器件的识别及作用** 　　1）QF_____，可作为电路控制开关、测试设备开关、电动机控制开关和主令控制开关，以及电焊机用转换开关等。 　　2）FU$_1$/FU$_2$_____，当电流超过规定值时，以本身产生的热量使熔体熔断，断开电路，广泛应用于高低压配电系统、控制系统及用电设备中，可作为短路和过电流的保护器。 　　3）FR_____，主要用在电器设备上，避免其发生烧毁现象。热继电器由发热元件、导板、弹簧等组成。一旦电流过大，热继电器内的触点就会发生相应的闭合动作，起到长期保护的作用。但热继电器无法保护瞬间电路负荷或短路情况。 　　4）KM_____，广泛用于电力的开断和控制电路中。交流接触器利用主触点来开闭电路，用辅助触点来执行控制指令，起到远程控制或弱电控制强电的作用。 **6. 接线** 　　（1）板前明线布线 　　由安装接线图（图5-3）进行板前明线布线，板前明线布线的工艺要求如下。 　　1）布线通道尽可能地少，同路并行导线按主、辅电路（图5-2）分类集中，单层密排，紧贴安装面布线。 　　2）同一平面的导线应高、低一致或前、后一致，走线合理，不能交叉或架空。 　　3）对螺栓式接线端子，导线连接时应打钩圈并按顺时针旋转；对瓦片式接线端子，导线连接时直接插入接线端子固定即可。导线连接不能压绝缘层，也不能露铜过长。 　　4）布线应横平竖直、分布均匀，变换走向时应垂直。 　　5）布线时严禁损伤线芯和导线绝缘层。 　　6）所有从一个接线端子（或接线桩）到另一个接线端子的导线必须完整，中间无接头。 　　7）一个元器件接线端子上的连接导线不得多于两根。 　　8）进出线应合理汇集在端子板上。 　　（2）检查布线 　　根据安装接线图检查控制板布线是否正确。 　　（3）安装电动机 　　根据安装接线图安装电动机。 　　（4）安装接线注意事项 　　1）按钮内接线时，用力不可过猛，以防螺钉打滑。

项目名称	任务清单内容
任务实施	2）按钮内部的接线不要接错，启动按钮必须接动合触点（可用万用表的电阻挡判别）。 3）接触器的自锁触点应并接在启动按钮的两端；停止按钮应串接在控制电路中。 4）热继电器的发热元件应串接在主电路中，其动断触点应串接在控制电路中，两者缺一不可，否则不能起到过载保护作用。 5）电动机外壳必须可靠接 PE（保护接地）线。 **7. 不通电测试、通电测试** （1）不通电测试 1）按电路原理图（图5-1）或安装接线图从电源端开始，逐段核对接线及接线端子是否正确，有无漏接、错接之处。检查导线接线端子是否符合要求，压接是否牢固。 2）辅助控制电路接线检查。用万用表电阻挡检查控制电路接线情况。松开启动按钮 SB_2，用手压下 KM 的衔铁，使其辅助动合触点闭合，万用表读数应为接触器线圈的直流电阻值。 3）停电控制检查。按下启动按钮 SB_2 或用手压下 KM 的衔铁，测得接触器线圈的直流电阻值，同时按下停止按钮 SB_1，万用表读数由线圈的直流电阻值变为 ∞。 检查主电路时，可以手动来代替接触器受线圈励磁吸合时的情况，即按下接触器辅助触点，用万用表检测 L_1—U、L_2—V、L_3—W 是否导通。 （2）通电测试 为保证人身安全，在通电试车时，要认真执行安全操作规程的有关规定，经老师检查并现场监护。 接通三相电源 L_1、L_2、L_3，合上低压断路器 QF，用电笔检查熔断器出线端，氖管发光则说明电源接通。按下按钮 SB_2 和 SB_4，观察接触器情况是否正常，是否符合线路功能要求，观察电器元件动作是否灵活，有无卡阻及噪声过大现象，观察电动机运行是否正常。若有异常，立即停电检查。 **8. 故障排除** 操作过程中，如果出现不正常现象，应立即断开电源，分析故障原因，仔细检查电路（用万用表），在实训老师认可的情况下才能再次通电调试。 **引导问题：** 描述出现故障的原因，并分析过程： _____ _____

项目名称	任务清单内容
任务实施	**小提示**：1）合上低压断路器 QF 后，按下按钮 SB₂ 和 SB₄ 后分析后续相关动作；2）松开按钮 SB₂ 和 SB₄ 后会引起线圈失电，分析后续相关动作。
任务总结	通过完成上述任务，你学到了哪些知识和技能？
任务评价	各组代表展示作品，介绍任务的完成过程，并完成评价表 5–1～表 5–3 的填写。

表 5–1　学生自评表

班级：	姓名：		学号：

任务：三相异步电动机多地控制			
评价项目	**评价标准**	**分值**	**得分**
完成时间	60 min 满分，每多 10 min 减 1 分	10	
理论填写	正确率 100% 为 10 分	10	
接线规范	操作规范、接线美观正确	20	
技能训练	通电测试正确	20	
任务创新	是否完成故障排除任务	10	
工作态度	态度端正，无迟到、旷课现象	10	
职业素养	安全生产、保护环境、爱护设施	20	
合计			

项目名称	任务清单内容
任务评价	表5-2 小组评价表

表5-2 小组评价表

任务：三相异步电动机多地控制

评价项目	分值	等级				评价对象___组
计划合理	10	优10	良8	中6	差4	
方案准确	10	优10	良8	中6	差4	
团队合作	10	优10	良8	中6	差4	
组织有序	10	优10	良8	中6	差4	
工作质量	10	优10	良8	中6	差4	
工作效率	10	优10	良8	中6	差4	
工作完整	10	优10	良8	中6	差4	
工作规范	10	优10	良8	中6	差4	
成果展示	20	优20	良16	中12	差8	
合计						

表5-3 教师评价表

班级：　　　　　　　姓名：　　　　　　　学号：

任务：三相异步电动机多地控制

评价项目	评价标准	分值	
考勤	无迟到、旷课、早退现象	10	
完成时间	60 min 满分，每多 10 min 减 1 分	10	
理论填写	正确率100%为10分	10	
接线规范	操作规范、接线美观正确	20	
技能训练	通电测试正确	10	
任务创新	是否完成故障排除任务	10	
协调能力	与小组成员之间合作交流	10	
职业素养	安全生产、保护环境、爱护设施	10	
成果展示	能准确表达、汇报工作成果	10	
合计			
综合评价	自评（20%）	小组互评（30%）	教师评价（50%）	综合得分

知识学习

1. 两地控制

在有些生产机械和生产设备中，常用两地或两地以上的地点进行操作控制。如图 5-1 所示，SB$_1$、SB$_3$ 为停止按钮，SB$_2$、SB$_4$ 为启动按钮，将 SB$_1$、SB$_2$ 和 SB$_3$、BS$_4$ 分别装在不同的位置即可实现两地控制。要实现两地控制，就应有两组按钮，而且这两组按钮的接线原则是动合按钮应并联，动断按钮应串联，这一原则也适用于三地或多地点的控制。

2. 电气原理

图 5-1 中，SB$_1$ 和 SB$_2$ 为甲地的停止和启动按钮，SB$_3$ 和 SB$_4$ 为乙地的停止和启动按钮。它们可以分别在两个不同的地点上控制交流接触器 KM 的接通和断开，达到实现两地控制同一电动机启、停的目的。

3. 控制电路的特点

控制电路的特点是启动按钮并联在一起，停止按钮串联在一起。

4. 交流接触器的工作原理

图 5-4 为交流接触器结构示意。当交流接触器线圈得电后，线圈电流会产生磁场，产生的磁场使静铁芯产生电磁吸力吸引动铁芯，并带动交流接触器的触点动作，动断触点断开，动合触点闭合，两者是联动的。当线圈失电时，电磁吸力消失，衔铁在释放弹簧的作用下释放，使触点复原，动合触点断开，动断触点闭合。直流接触器的工作原理跟温度开关的原理类似。

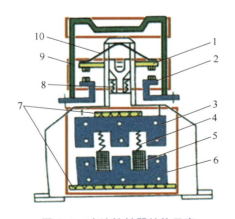

图 5-4 交流接触器结构示意

1—动触点；2—静触点；3—衔铁；4—弹簧；5—线圈；
6—铁芯；7—垫毡；8—触点弹簧；9—灭弧罩；10—触点压力弹簧

交流接触器

交流接触器利用主触点来控制电路，用辅助触点来导通控制回路。主触点一般是动合触点，而辅助触点常有两对动合触点和动断触点，小型的接触器也经常作为中间继电器配合主电路使用。

5. 交流接触器的作用

交流接触器作为执行元件，用于接通、分断线路，或频繁地控制电动机等设备运行。交流接触器是一种中间控制元件，优点是可频繁地通、断线路，一般以小电流或小电压控制大电流或大电压。其配合热继电器工作可以对负载设备起到一定的过载保护作用。

注意事项

本任务所选用的交流接触器线圈的额定电压均为 220 V。

拓展训练

训练 1　两地的控制功能不同时，如何来设计？

训练 2　三地或多地控制如何来设计？

任务六　对角锯电动机自动往返控制电路安装、调试与检修

任务清单：　对角锯电动机自动往返控制

项目名称	任务清单内容
任务情境	对角锯产线是将生产出来的刨花板进行等长度的平行切断，锯成大小一致的等长木板。对角锯主要是由两个行程开关控制电动机正、反转来驱动实现自动往返控制的，这两个行程开关分别位于产线的两端，一个控制锯断的行程，一个控制返回起始点的行程。从一个行程开关出发正转，当锯断木板时，就会触发另一方的行程开关，然后电动机反转工作，回到原点位置，再次触发第一个行程开关控制电动机正转，如此循环往复，两台电动机交互工作实现对角锯设备自动往返的控制。 　　那么如何实现电动机的自动往返控制呢？
任务目标	1）正确理解行程开关符号； 2）了解行程开关原理； 3）正确理解三相异步电动机自动往返控制电路的工作原理； 4）正确安装三相异步电动机自动往返控制电路。
任务要求	设计电气电路包含主电路的设计和辅助控制电路的设计。主电路设计：接通低压断路器 QF，电动机运转，断开 QF，电动机停转。辅助控制电路设计：按下按钮 SB_2，KM_1 线圈得电，KM_1 主触点闭合，电动机启动；松开 SB_2，KM_1 线圈失电，主触点断开，电动机停转。
任务分组	<table><tr><td>班级</td><td></td><td>组号</td><td></td><td>指导老师</td><td></td></tr><tr><td>组长</td><td></td><td>学号</td><td colspan="4"></td></tr><tr><td rowspan="4">组员</td><td colspan="5"></td></tr><tr><td colspan="5"></td></tr><tr><td colspan="5"></td></tr><tr><td colspan="5"></td></tr></table>

项目名称	任务清单内容
任务准备	**引导问题 1：** 简述对角锯产线的工作过程。 —————————————————— —————————————————— —————————————————— **引导问题 2：** 电动机往返运动中所用的实训器材有哪些？ —————————————————— —————————————————— **引导问题 3：** 根据图 6-1 描述交流接触器控制电动机自动往返运行的工作原理。 电路原理图 自动往返运行 控制原理 **图 6-1　三相异步电动机自动往返控制电路原理** —————————————————— —————————————————— **小提示：** 1）回顾交流接触器的工作原理；2）交流接触器线圈和触点是一个整体，不要分割来看。

项目名称	任务清单内容
任务准备	**引导问题 4**： 简述电动机往返运行中交流接触器控制主电路和辅助控制电路的接线设计思路。 _____ _____ **引导问题 5**： 描述行程开关（也称位置开关）的结构。 _____ _____ **引导问题 6**： 简述行程开关的工作原理。 _____ _____ _____
任务实施	**1. 识读电路图** 根据任务要求，明确图 6-2 所示电路中所用的元器件及其作用。 自动往返 的运行 **图 6-2　三相异步电动机往返运动控制的辅助控制电路原理**

项目名称	任务清单内容
任务实施	**小提示：**1）理解熔断器的标识和作用；2）理解热继电器过载保护的原理和接线要求。 **2. 实训工具、仪表和器材** 1）工具：＿＿＿＿＿＿＿，＿＿＿＿＿＿＿＿＿＿，＿＿＿＿＿＿，＿＿＿＿＿＿＿＿，＿＿＿＿＿＿＿＿。 2）仪表：＿＿＿＿＿＿＿＿＿，＿＿＿＿＿＿＿。 3）器材：＿＿＿＿＿＿＿，＿＿＿＿＿＿＿＿，＿＿＿＿＿，＿＿＿＿＿＿＿＿，＿＿＿＿＿＿＿＿，＿＿＿＿＿＿，＿＿＿＿＿＿＿＿。 **3. 检测元器件** 在不通电的情况下，用万用表或目视检查各元器件触点的通断情况是否良好；检查熔断器的熔体是否完好；检查按钮中的螺钉是否完好，螺纹是否失效；检查交流接触器的线圈额定电压与电源电压是否相符。 **4. 绘制元器件安装接线图** 在图 6-3 中绘制三相异步电动机自动往返控制电路的元器件安装接线图。 图 6-3 三相异步电动机自动往返控制电路的元器件安装接线图 **小提示：**在控制板上进行元器件的布置与安装时，各元器件的安装位置应整齐、匀称、间距合理，便于元器件的更换。

项目名称	任务清单内容
任务实施	**5. 接线** （1）板前明线布线 由安装接线图（图6-3）进行板前明线布线，板前明线布线的工艺要求如下。 1）布线通道尽可能地少，同路并行导线按主、辅电路分类集中，单层密排，紧贴安装面布线。 2）同一平面的导线应高、低一致或前、后一致，走线合理，不能交叉或架空。 3）对螺栓式接线端子，导线连接时应打钩圈并按顺时针旋转；对瓦片式接线端子，导线连接时直接插入接线端子固定即可。导线连接不能压绝缘层，也不能露铜过长。 4）布线应横平竖直、分布均匀，变换走向时应垂直。 5）布线时严禁损伤线芯和导线绝缘层。 6）所有从一个接线端子（或接线桩）到另一个接线端子的导线必须完整，中间无接头。 7）一个元器件接线端子上的连接导线不得多于两根。 8）进出线应合理汇集在端子板上。 （2）检查布线 根据安装接线图检查控制板布线是否正确。 （3）安装电动机 根据安装接线图安装电动机。 （4）安装接线注意事项 1）按钮内接线时，用力不可过猛，以防螺钉打滑。 2）按钮内部的接线不要接错，启动按钮必须接动合触点（可用万用表的电阻挡判别）。 3）电动机外壳必须可靠接 PE（保护接地）线。 （5）接线方式 1）接线时行程开关 ST_1 动断触点串接在交流接触器 KM_1 线圈回路中，而行程开关 ST_2 动断触点串接在交流接触器 KM_2 线圈回路中。 2）将 ST_1 动断触点与按钮 SB_2 动合触点、交流接触器 KM_1 的动合自锁触点并接在电路中。 3）将 ST_2 动断触点与按钮 SB_3 的动合触点、交流接触器 KM_2 的动合自锁触点并接在电路中。 **6. 不通电测试、通电测试** （1）不通电测试 1）按电路原理图（图6-1）或安装接线图从电源端开始，逐段核对接线及接线端子是否正确，有无漏接、错接之处。检查导线接线端子是否符合要求，压接是否牢固。

项目名称	任务清单内容
任务实施	2）主线路的检查：在断电状态下，选择万用表合适的电阻挡进行电阻测量。为消除负载、辅助控制电路对测量结果的影响，断开负载，并取下熔断器 FU_2 的熔体。检查熔断器 FU_1 及接线。检查交流接触器 KM_1、KM_2 主触点及接线，若交流接触器带有灭弧罩，则需拆卸灭弧罩。检查电动机及接线，均应测得相等的电动机绕组的直流电阻值。 3）辅助控制电路的检查：选择万用表合适的电阻挡（数字万用表一般为 2 kΩ 挡）进行电阻测量。断开熔断器 FU_2，将万用表表笔接在 1、7 接点上，此时万用表读数应为∞。正转电路启动检查：按下 SB_2，应显示 KM_1 线圈电阻值，再按下 SB_1，万用表应显示∞，说明线路由通到断。用同样的方法可以检查反转停电控制电路。正转自锁电路检查：按下 KM_1 主触点，应显示 KM_1 线圈电阻值，说明 KM_1 自锁电路正常，再按下 SB_1，万用表应显示∞。用同样的方法检测 KM_2 线圈的自锁电路。 电气互锁电路检查：与可逆控制电气互锁电路检查方法相同。 机械互锁电路检查：按下 ST_2，应显示 KM_1 线圈电阻值，说明 ST_1 的互锁电路正常，再按下 ST_1，万用表应显示∞。用同样的方法检测 ST_2 的互锁电路。 （2）通电测试 操作相应按钮，观察电器动作情况。接通低压断路器 QF，引入三相电源，按下启动按钮 SB_2，交流接触器 KM_1 的线圈得电，衔铁吸合，其主触点闭合，电动机正转，工作台前进，碰到 ST_1 时，KM_1 线圈失电，KM_2 线圈得电，衔铁吸合，KM_2 主触点闭合，电动机反转，工作台后退。 **7. 故障排除** 操作过程中，如果出现不正常现象，应立即断开电源，分析故障原因，仔细检查电路（用万用表），在实训老师认可的情况下才能再次通电调试。 **引导问题：** 描述出现故障的原因，并分析过程： 自动往返排故 _____ _____ _____ _____ _____

项目名称	任务清单内容
任务实施	**小提示**：1）接通低压断路器 QF，按下按钮 SB$_2$ 和 SB$_3$ 后分析后续相关动作；2）松开按钮 SB$_2$ 和 SB$_3$ 后会引起线圈失电，分析后续相关动作。
任务总结	通过完成上述任务，你学到了哪些知识和技能？
任务评价	各组代表展示作品，介绍任务的完成过程，并完成评价表 6-1~表 6-3 的填写。

表 6-1　学生自评表

班级：	姓名：		学号：
任务：对角锯电动机自动往返控制			
评价项目	评价标准	分值	得分
完成时间	60 min 满分，每多 10 min 减 1 分	10	
理论填写	正确率 100% 为 10 分	10	
接线规范	操作规范、接线美观正确	20	
技能训练	通电测试正确	20	
任务创新	是否完成故障排除任务	10	
工作态度	态度端正，无迟到、旷课现象	10	
职业素养	安全生产、保护环境、爱护设施	20	
合计			

项目名称	任务清单内容
任务评价	见下表

表 6-2　小组评价表

任务：对角锯电动机自动往返控制

评价项目	分值	等级				评价对象＿＿＿组
计划合理	10	优 10	良 8	中 6	差 4	
方案准确	10	优 10	良 8	中 6	差 4	
团队合作	10	优 10	良 8	中 6	差 4	
组织有序	10	优 10	良 8	中 6	差 4	
工作质量	10	优 10	良 8	中 6	差 4	
工作效率	10	优 10	良 8	中 6	差 4	
工作完整	10	优 10	良 8	中 6	差 4	
工作规范	10	优 10	良 8	中 6	差 4	
成果展示	20	优 20	良 16	中 12	差 8	
合计						

表 6-3　教师评价表

班级：		姓名：		学号：	
任务：对角锯电动机自动往返控制					
评价项目	评价标准		分值		
考勤	无迟到、旷课、早退现象		10		
完成时间	60 min 满分，每多 10 min 减 1 分		10		
理论填写	正确率 100% 为 10 分		10		
接线规范	操作规范、接线美观正确		20		
技能训练	通电测试正确		10		
任务创新	是否完成故障排除任务		10		
协调能力	与小组成员之间合作交流		10		
职业素养	安全生产、保护环境、爱护设施		10		
成果展示	能准确表达、汇报工作成果		10		
合计					
综合评价	自评（20%）	小组互评（30%）	教师评价（50%）	综合得分	

知识学习

1. 自动往返电路控制

正转：按下 SB_2→KM_1 线圈得电→KM_1 动断触点断开→使 KM_1 线圈失电→互锁→KM_1 自锁触点闭合自锁→KM_1 主触点闭合→电动机 M 启动连续正转→工作台前进，至限定位置碰到行程开关 ST_2→ST_2 动断触点先断开→KM_1 线圈失电→KM_1 动断触点闭合解除互锁，KM_1 自锁触点分断，KM_1 主触点分断→电动机 M 断电停转→工作台停止前进。

反转：ST_2 动合触点闭合→KM_2 线圈得电→KM_2 动断触点断开→互锁→KM_2 自锁触点闭合自锁→KM_2 主触点闭合→电动机 M 启动连续反转→工作台后退。

停止时只需按下 SB_1，电动机 M 停止运转。

2. 常见故障的分析与处理

（1）故障现象

自动往返不能实现：电动机启动后设备运行，运动部件到达规定位置，挡板压下行程开关时交流接触器动作，但运动部件方向不改变，继续按原方向移动而不能返回。

（2）故障分析

如果行程开关动作时两个交流接触器可以相互切换，则说明辅助控制电路正确，故障点应在主电路，可能的原因是交流接触器 KM_1 和 KM_2 的主触点接入电路时没有换相或进行了两次换相；如果行程开关动作时两个交流接触器相互不切换，则说明接入电动机三相电源的相序与实际相序不一致。

（3）故障处理

出现上述故障时，应重新检查主电路并换相接线；改变接入电动机定子绕组的三相交流电源的相序。

3. 行程开关的工作原理及运用

行程开关是一种根据运动部件的行程位置而切换电路的电器，因为将行程开关安装在预先安排的位置，故当装于生产机械运动部件上的模块撞击行程开关时，行程开关的触点动作，实现电路的切换。行程开关的结构示意如图 6-4 所示，其图形符号如图 6-5 所示。行程开关在生活中可用于位置控制和自动往返控制，如图 6-6 所示。

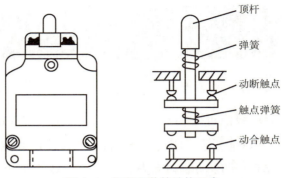

图 6-4　行程开关的结构示意

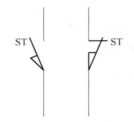

图 6-5　行程开关的图形符号

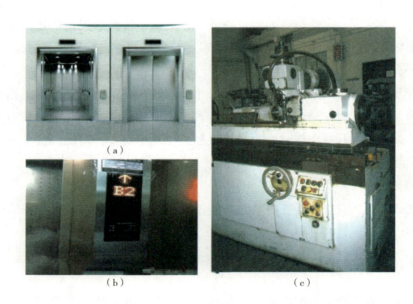

（a）

（b）　　　　　　（c）

图 6-6　位置控制和自动往返控制在生活中的运用

（a）电梯门开关；（b）电梯上下；（c）铣床

4. 行程开关的分类

行程开关按其结构可分为直动式、滚轮式、微动式。

（1）直动式行程开关

直动式行程开关的动作原理同按钮类似，所不同的是：一个是手动，另一个则由运动部件的撞块碰撞。当外界运动部件上的撞块碰压按钮时使其触点动作，运动部件离开后，在弹簧作用下，其触点自动复位。其结构原理如图6-7所示，其动作原理与按钮开关相同，但其触点的分合速度取决于生产机械的运行速度，不宜用于速度低于 0.4 m/min 的场所。当运行速度低于0.4 m/min时，触点分断的速度将会变慢，触点易受电弧烧灼。

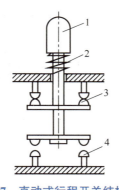

图6-7　直动式行程开关结构示意

1—推杆；2—弹簧；3—动断触点；4—动合触点

（2）滚轮式行程开关

当被控机械上的撞块撞击带有滚轮的撞杆时，撞杆转向右边，带动凸轮转动，顶下推杆，使微动开关中的触点迅速动作。当运动机械返回时，在复位弹簧的作用下，各部分动作部件复位。滚轮式行程开关结构示意如图6-8所示。

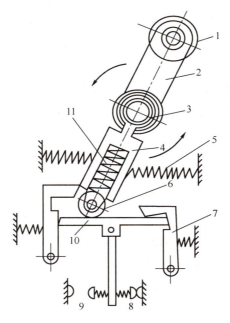

图6-8　滚轮式行程开关结构示意

1—滚轮；2—上转臂；3，5，11—弹簧；4—套架；6—滑轮；7—压板；8，9—触点；10—横板

滚轮式行程开关又分为单滚轮自动复位式和双滚轮（羊角式）非自动复位式，双滚轮

行程开关具有两个稳态位置，有"记忆"作用，在某些情况下可以简化线路。

（3）微动式行程开关

微动式行程开关由推杆、弹簧、压缩弹簧、动断触点、动合触点组成，如图6-9所示。

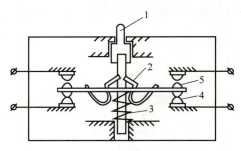

图6-9　微动式行程开关结构示意

1—推杆；2—弹簧；3—压缩弹簧；4—动断触点；5—动合触点

5. 行程开关安装注意事项

1）安装位置要准确，安装要牢固；滚轮的方向不能装反，挡铁与其碰撞的位置应符合控制电路的要求，并确保能可靠地与挡铁碰撞。

2）使用中要定期检查和保养，除去油垢及粉尘，清理触点，经常检查其动作是否灵活、可靠，及时排除故障。防止因行程开关触点接触不良或接线松脱产生误动作而导致设备和人身安全事故。

3）如果使用环境比较恶劣，还要注意选择IP等级比较高的行程开关。行程开关可以细分为接近开关、微动开关。像电力行业一般要用带磁吹灭弧式行程开关，这样可以承受比较大的直流电流。

4）如果是用来限位，则把开关的动断触点和控制电路串联起来；如果是用来接通其他电路，则把开关的动合触点和相应的控制电路串联起来。行程开关跟普通的按钮开关用法是一样的。

6. 行程开关的选择和使用依据

1）根据安装环境选择防护形式，是开启式还是防护式。

2）根据控制回路的电压和电流选择采用何种系统的行程开关。

3）根据机械与行程开关的传力与位移关系选择合适的头部结构形式。

4）行程开关安装时位置要准确，否则不能达到位置控制和限位的目的。

5）应定期检查行程开关，以免触点接触不良而达不到行程和限位控制的目的。

注意事项

本任务所选用的交流接触器线圈的额定电压均为 220 V。

拓展训练

训练 1　说出本次实训所用的所有元器件（名称、型号、主要参数）。

训练 2　什么是电动机自动往返？日常生活中还有哪些现象应用了自动往返的功能？

任务七　打磨鼓风电动机 Y-△ 降压启动控制电路安装、调试与检修

任务清单：　打磨鼓风电动机 Y-△ 降压启动控制

项目名称	任务清单内容
任务情境	刨花板是一种工程木制品，由木片、锯木厂刨花甚至锯末和合成树脂或其他合适的黏合剂，经压制和挤压而成。刨花板属于纤维板产品系列的复合材料，它是由废木分选并去除金属及其他污染物，送到机器生产合适尺寸和形状的芯片，然后进行颗粒分级筛选，这时需要控制粒度，以确保不同大小颗粒的位置正确，使小颗粒或细屑在表面，更大的颗粒和更粗的细屑在芯部，将黏合剂或胶水涂在颗粒表面，将所有颗粒黏合在一起，将颗粒进行热压，压实在一起，固化树脂修边和切割，然后冷却，这时将压成的面板打磨鼓风至最终厚度并提供良好的表面光洁度。打磨鼓风的电动机就是利用 Y-△ 降压启动控制电路启动的，即按下启动按钮时，电动机旋转，开始打磨鼓风，电动机先 Y 启动再切换成 △ 形连接运行。 　　那么如何实现电动机的 Y-△ 降压启动运行控制呢？
任务目标	1）了解电动机降压启动的原理； 　2）理解星形（Y）、三角形（△）连接方式 　3）识读三相异步电动机 Y-△ 降压启动控制电路原理图； 　4）完成电路的安装接线与调试； 　5）能进行电路的检查和故障排除。
任务要求	设计电气电路包含主电路的设计和辅助控制电路的设计。主电路设计：接通低压断路器 QF，电动机运转，断开 QF，电动机停转。辅助控制电路设计：当 KM 主触点闭合时，接入三相交流电源；当 KM$_Y$ 主触点闭合时，电动机定子绕组接成星形；当 KM$_△$ 主触点闭合时，电动机定子绕组接成三角形。

任务分组

班级		组号		指导老师	
组长		学号			
组员					

项目名称	任务清单内容
任务准备	**引导问题 1**： 简述电动机的星形连接。 _____ _____ **引导问题 2**： 简述电动机的三角形连接。 _____ _____ **引导问题 3**： 根据图 7-1 描述电动机 Y-△ 降压启动控制电路工作原理。 ![图 7-1] **图 7-1 三相异步电动机 Y-△ 降压启动控制电路原理** _____ _____ **小提示**：1）回顾交流接触器的工作原理；2）交流接触器线圈和触点是一个整体，不要分割来看；3）注意启动和停止按钮均为点动。

项目名称	任务清单内容
任务准备	**引导问题 4：** 简述电动机 Y−△ 降压启动控制主电路和辅助控制电路的接线设计思路。 ———————————————————— ———————————————————— ———————————————————— **引导问题 5：** 简述星形连接和三角形连接两种连接方式的相互转换。 ———————————————————— ———————————————————— ———————————————————— **引导问题 6：** 常用的降压启动的方法有哪些？ ———————————————————— ———————————————————— ———————————————————— ————————————————————
任务实施	**1. 识读电路图** 根据任务要求，明确图 7-2 所示电路中所用的元器件及其作用。 图7-2　三相异步电动机 Y−△ 降压启动控制的辅助控制电路原理

81

项目名称	任务清单内容
任务实施	**小提示**：1）理解熔断器的标识和作用；2）理解热继电器过载保护的原理和接线要求。 **2. 实训工具、仪表和器材** 1）工具：_____，_____，_____， _____，_____。 2）仪表：_____，_____。 3）器材：_____，_____， _____，_____， _____，_____， _____，_____。 **降压器材** **3. 检测元器件** 在不通电的情况下，用万用表或目视检查各元器件触点的通断情况是否良好；检查熔断器的熔体是否完好；检查按钮中的螺钉是否完好，螺纹是否失效；检查交流接触器的线圈额定电压与电源电压是否相符。 **4. 绘制元器件安装接线图** 在图 7-3 中绘制三相异步电动机 Y-△ 降压启动控制电路的元器件安装接线图。 图 7-3 三相异步电动机 Y-△ 降压启动控制电路的元器件安装接线图 **降压布局** **小提示**：在控制板上进行元器件的布置与安装时各元器件的安装位置应整齐、匀称、间距合理，便于元器件的更换。

项目名称	任务清单内容
任务实施	**5. 接线** （1）板前明线布线 由安装接线图（图7-3）进行板前明线布线，板前明线布线的工艺要求如下。 1）布线通道尽可能地少，同路并行导线按主、辅电路分类集中，单层密排，紧贴安装面布线。 2）同一平面的导线应高、低一致或前、后一致，走线合理，不能交叉或架空。 3）对螺栓式接线端子，导线连接时应打钩圈并按顺时针旋转；对瓦片式接线端子，导线连接时直接插入接线端子固定即可。导线连接不能压绝缘层，也不能露铜过长。 4）布线应横平竖直、分布均匀，变换走向时应垂直。 5）布线时严禁损伤线芯和导线绝缘层。 6）所有从一个接线端子（或接线桩）到另一个接线端子的导线必须完整，中间无接头。 7）一个元器件接线端子上的连接导线不得多于两根。 8）进出线应合理汇集在端子板上。 （2）检查布线 根据安装接线图检查控制板布线是否正确。 （3）安装电动机 根据安装接线图安装电动机。 （4）安装接线注意事项 1）按钮内接线时，用力不可过猛，以防螺钉打滑。 2）按钮内部的接线不要接错，启动按钮必须接动合触点（可用万用表的电阻挡判别）。 3）交流接触器的自锁触点应并接在启动按钮的两端；停止按钮应串接在辅助控制电路中。 4）热继电器的发热元件应串接在主电路中，其动断触点应串接在辅助控制电路中，两者缺一不可，否则不能起到过载保护作用。 5）电动机外壳必须可靠接 PE（保护接地）线。 **6. 不通电测试、通电测试** （1）不通电测试 1）按电路原理图（图7-1）或安装接线图从电源端开始，逐段核对接线及接线端子是否正确，有无漏接、错接之处。检查导线接线端子是否符合要求，压接是否牢固。

项目名称	任务清单内容
任务实施	2）用万用表检查电路的通断情况。检查时，应选用倍率适当的电阻挡，并进行欧姆调零，以防短路故障发生。检查辅助控制电路时（可断开主电路），可将万用表两表笔分别接在 FU_2 的进线端和零线上，此时读数应为∞。按下启动按钮 SB_1，读数应为交流接触器 KM 和 KM_Y 线圈电阻的并联值；用手压下 KM 的衔铁，使 KM 动合触点闭合，读数也应为 KM 和 KM_Y 线圈电阻的并联值。同时按下 SB_1 和 SB_2，或者同时用手压下 KM 和 $KM_\triangle$ 的衔铁，万用表读数应为 KM 和 $KM_\triangle$ 线圈电阻的并联值。 　　检查主电路时（可断开辅助控制电路），可以用手压下交流接触器 KM 的衔铁来代替其得电吸合时的情况。依次测量从电源端（L_1、L_2、L_3）到电动机出线端子（U、V、W）上的每一相电路的电阻值，检查是否存在开路现象。 　　3）用绝缘电阻表检查电路的绝缘电阻，不得小于 0.5 MΩ。 　　（2）通电测试 　　操作相应按钮，观察电器动作情况。接通低压断路器 QF，引入三相电源，按下 SB_1，KM 和 KM_Y 线圈得电吸合并自锁，电动机降压启动；再按下 SB_2，KM_Y 线圈失电释放，$KM_\triangle$ 线圈得电吸合自锁，电动机全压运行；按下停止按钮 SB_3，KM 和 $KM_\triangle$ 线圈失电释放，电动机停止工作。 **7. 故障排除** 　　操作过程中，如果出现不正常现象，应立即断开电源，分析故障原因，仔细检查电路（用万用表），在实训老师认可的情况下才能再次通电调试。 **引导问题：** 描述出现故障的原因，并分析过程： _____ _____ _____ _____ **小提示**：1）接通低压断路器 QF 后，按下按钮 SB_1 后分析后续相关动作；2）松开按钮 SB_1 后会引起线圈失电，分析后续相关动作。

项目名称	任务清单内容
任务总结	通过完成上述任务，你学到了哪些知识和技能？
任务评价	各组代表展示作品，介绍任务的完成过程，并完成评价表 7-1～表 7-3 的填写。

表7-1　学生自评表

班级：		姓名：		学号：
任务：打磨鼓风电动机 Y-△ 降压启动控制				
评价项目	评价标准		分值	得分
完成时间	60 min 满分，每多 10 min 减 1 分		10	
理论填写	正确率 100% 为 10 分		10	
接线规范	操作规范、接线美观正确		20	
技能训练	通电调试正确		20	
任务创新	是否完成故障排除任务		10	
工作态度	态度端正，无迟到、旷课现象		10	
职业素养	安全生产、保护环境、爱护设施		20	
合计				

项目名称	任务清单内容
任务评价	**表 7-2　小组评价表** 任务：打磨鼓风电动机 Y-△降压启动控制 **表 7-3　教师评价表**

表 7-2　小组评价表

任务：打磨鼓风电动机 Y-△降压启动控制

评价项目	分值	等级				评价对象___组
计划合理	10	优 10	良 8	中 6	差 4	
方案准确	10	优 10	良 8	中 6	差 4	
团队合作	10	优 10	良 8	中 6	差 4	
组织有序	10	优 10	良 8	中 6	差 4	
工作质量	10	优 10	良 8	中 6	差 4	
工作效率	10	优 10	良 8	中 6	差 4	
工作完整	10	优 10	良 8	中 6	差 4	
工作规范	10	优 10	良 8	中 6	差 4	
成果展示	20	优 20	良 16	中 12	差 8	
合计						

表 7-3　教师评价表

班级：	姓名：	学号：

任务：打磨鼓风电动机 Y-△降压启动控制

评价项目	评价标准	分值	
考勤	无迟到、旷课、早退现象	10	
完成时间	60 min 满分，每多 10 min 减 1 分	10	
理论填写	正确率 100% 为 10 分	10	
接线规范	操作规范、接线美观正确	20	
技能训练	通电调试正确	10	
任务创新	是否完成故障排除任务	10	
协调能力	与小组成员之间合作交流	10	
职业素养	安全生产、保护环境、爱护设施	10	
成果展示	能准确表达、汇报工作成果	10	
合计			
综合评价	自评 （20%）	小组互评 （30%）	教师评价 （50%）	综合得分

知识学习

1. 按钮控制 Y—△ 换接启动控制电路工作原理

1）电动机 Y 接法降压启动：按下按钮 SB_1，KM 和 KM_Y 线圈得电，KM 自锁触点自锁，KM 主触点闭合；同时 KM_Y 主触点闭合，KM_Y 联锁触点分断 KM，电动机 Y 降压启动。

2）电动机 △ 接法全压运行：当电动机转速上升并接近额定值时，按下按钮 SB_2，其动断触点先断开，KM_Y 线圈失电，KM_Y 主触点分断，KM_Y 联锁触点闭合，同时 SB_2 动合触点后闭合，$KM_△$ 线圈得电，$KM_△$ 自锁触点闭合自锁，$KM_△$ 主触点闭合，$KM_△$ 联锁触点分断 KM_Y，电动机 △ 全压运行。

降压电路说明

3）停止时，按下 SB_3 即可实现。

2. 什么是星形连接和三角形连接

三角形（△）连接是指把 3 个绕组首尾相连，形似三角形，形成闭合回路，如图 7-4（a）所示。3 个端点接到三相电源上，这时每相绕组承受的是电源的线电压（380 V）。

星形（Y）连接是指把 3 个绕组的某 3 个同名端（都是首端或都是尾端）连接成一端，另 3 个同名端接到三相电源上，形似星形，如图 7-4（b）所示。这时每相绕组承受的是电源的相电压（220 V）。

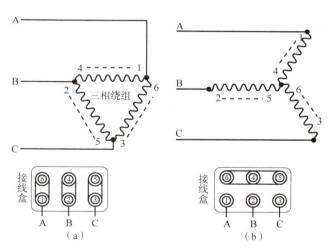

图 7-4 三角形和星形两种接法
（a）三角形接法；（b）星形接法

3. 星形连接和三角形连接的不同

（1）接线方式不同

星形连接：将各相电源或负载的一端都接在一点上，而另一端作为引出线，分别为三相电的 3 条相线。

三角形连接：将三相电源或负载中的每一相的末端与后续相的前端相连，然后再从 3 个连接点引出端线。

（2）接线原理不同

星形连接：从中点引出的导线称为中线或零线；从 3 个线圈的首端引出的 3 根导线称为 A 线、B 线、C 线，统称为相线或火线。

三角形连接：没有中点，具体方法是电动机的三相绕组的头与尾分别连接，这时只有一种电压等级，线电压等于相电压，线电流近似等于相电流的 1.73 倍。

（3）优势不同

星形连接：有助于降低绕组承受电压（220 V），降低绝缘等级，降低启动电流。

三角形连接：有助于提高电动机功率，缺点是启动电流大，绕组承受电压（380 V）大，但也增大了绝缘等级。

4. 降压启动

电动机的降压启动是在电源电压不变的情况下，降低启动时加在电动机定子绕组上的电压，限制启动电流，当电动机转速基本稳定后，再使工作电压恢复到额定值的控制方法。常用的降压启动方法有定子绕组串电阻（或电抗）降压启动、Y-△降压启动、自耦变压器降压启动和延边三角形降压启动。

5. Y-△降压启动的特点

Y-△降压启动方法简便、经济可靠。Y 连接的启动电流是正常运行△连接的 1/3，启动转矩也只有正常运行时的 1/3，因而，Y-△降压启动只适用于空载或轻载的情况。另外，电动机额定运行状态是 Y 连接的，不可采用本方法启动。

6. Y-△降压启动常见问题

当负载对电动机启动力矩无严格要求，又要限制电动机启动电流且电动机满足 380 V/△接线条件时，才能采用 Y-△启动方法。该方法是在电动机启动时将其接成星形，当电动机启动成功后再将其改接成三角形（通过双投开关迅速切换）。因电动机启动电流与电源电压成正比，所以此时电网提供的启动电流只有全电压启动电流的 1/3，但启动转矩也只有全电压启动转矩的 1/3。

Y-△启动属于降压启动，它是以牺牲功率为代价换取降低启动电流来实现的，所以不能以电动机功率的大小来确定是否需要采用 Y-△启动，还要看负载。一般在启动时负载轻、运行时负载重的情况下可采用 Y-△启动，通常鼠笼式电动机的启动电流是运行电流的 5~7 倍，而对电网的电压要求一般是±10%。为了不形成对电网电压过大的冲击，所以要采用 Y-△启动，一般要求在鼠笼式电动机的功率超过变压器额定功率的 10% 时就要采用 Y-△启动。只有鼠笼式电动机才采用 Y-△启动。

7. Y-△降压启动控制电路在生产中的应用

异步电动机因其结构简单、价格便宜、可靠性高等优点被广泛应用，但在启动过程中启动电流较大，所以容量大的电动机必须采取一定的方式启动，Y-△换接启动就是一种简单方便的降压启动方式。

对于正常运行的定子绕组为三角形接法的鼠笼式异步电动机来说，如果在启动时将定子绕组接成星形，待启动完毕后再接成三角形，那么就可以降低启动电流，减轻其对电网的冲击。这样的启动方式称为 Y-△降压启动，或简称为星-三角启动。

由此可见，采用 Y-△启动方式时，电流特性很好，而转矩特性较差，所以只适用于无载或者轻载启动的场合。换句话说，由于启动转矩小，Y-△启动方式的优点还是很显著的，因为基于这个启动原理的星-三角启动器，与任何别的降压启动器相比，其结构最简单，价格也最便宜。除此之外，Y-△启动方式还有一个优点，即当负载较轻时，可以让电动机在星形接法下运行。此时，额定转矩与负载可以匹配，这样能使电动机的效率有所提高，并因此降低了电力消耗。

注意事项

本任务所选用的交流接触器的线圈额定电压均为 220 V。

拓展训练

训练 1　说出本次实训所用的所有元器件（名称、型号、主要参数）。

训练 2　Y-△降压启动时的启动电流为直接启动时的多少倍？

任务八　刨花板贴面机单按钮启停控制
电路安装、调试与检修

任务清单：刨花板贴面机单按钮启停控制

项目名称	任务清单内容
任务情境	砂光是秸秆刨花板制品生产作业中的重要环节，砂光质量的好坏直接影响木制品的表面质量，在秸秆刨花板的表面砂光过程中会产生大量不同粒径和规格的粉尘，一般而言，砂光粉尘质量轻、粒径小且具有一定的黏度，飘散到空气中后会严重污染环境，若不及时处理，不仅会对机器后续加工和产品质量造成严重影响，而且还会危害操作工的身体健康，同时也是火灾的隐患。因此砂光除尘器要及时地排出粉尘，保证产品正常生产，设备正常运行。在砂光除尘过程中使用的是排料电动机的点动控制原理，即按下砂光除尘排料电动机点动控制按钮时，电动机旋转，打开阀门排料；松开按钮时，电动机停转，关门阀门停止排料。需要手动操作按下按钮控制电动机点动启动，开启卸料转阀，再点动启动螺杆进行卸料。 　　那么如何实现电动机的单按钮启停控制呢？
任务目标	1）了解单按钮启停的基本知识； 2）识读三相异步电动机单按钮启停控制电路原理图； 3）按工艺要求完成电气电路连接； 4）能进行电路的检查和故障排除。
任务要求	设计电气电路包含主电路的设计和辅助控制电路的设计。主电路设计：接通低压断路器 QF，电动机运转，断开 QF，电动机停转。辅助控制电路设计：按下 SB 不松开，动合触点 KA_1、KM 动合触点闭合，KA_1、KM 线圈得电，KA_1 动断触点断开，使 KA_2 线圈不得电，电动机启动。再按下 SB，KA_2 线圈得电，KA_2 动断触点断开，使 KM 线圈不得电，电动机停转。
任务分组	<table><tr><td>班级</td><td></td><td>组号</td><td></td><td>指导老师</td><td></td></tr><tr><td>组长</td><td></td><td>学号</td><td></td><td></td><td></td></tr><tr><td rowspan="4">组员</td><td colspan="5"></td></tr><tr><td colspan="5"></td></tr><tr><td colspan="5"></td></tr><tr><td colspan="5"></td></tr></table>

项目名称	任务清单内容
任务准备	**引导问题 1：** 简述刨花板贴面机的工作过程。 _____ _____ _____ **引导问题 2：** 电动机单按钮启停控制中所用的实训器材有哪些？ _____ _____ _____ **引导问题 3：** 根据图 8-1 描述单按钮启停控制运行的工作原理。 **图 8-1　三相异步电动机单按钮启停控制电路原理** 单按钮 启停原理 _____ _____ **小提示**：1）回顾交流接触器的工作原理；2）KM 线圈和 KM 触点是一个整体，不要分割来看；3）注意启动和停止按钮均为点动。

92

项目名称	任务清单内容
任务准备	**引导问题 4：** 简述单按钮启停控制主电路和辅助控制电路的接线设计思路。 —————————————————— —————————————————— —————————————————— **引导问题 5：** 简述中间继电器的原理。 —————————————————— —————————————————— —————————————————— **引导问题 6：** 配齐电路所需的元器件，如何进行必要的检测？ —————————————————— —————————————————— ——————————————————
任务实施	**1. 识读电路图** 根据任务要求，明确图 8-2 所示电路中所用的元器件及其作用。 **图 8-2　三相异步电动机单按钮启停控制的辅助控制电路原理** **小提示：**1）理解低压断路器的标识和作用；2）理解热继电器过载保护的原理和接线要求。

项目名称	任务清单内容
任务实施	**2. 实训工具、仪表和器材** 1）工具：＿＿＿＿＿＿，＿＿＿＿＿＿，＿＿＿＿＿＿，＿＿＿＿＿＿，＿＿＿＿＿＿。 2）仪表：＿＿＿＿＿＿，＿＿＿＿＿＿。 3）器材：＿＿＿＿＿＿，＿＿＿＿＿＿，＿＿＿＿＿＿，＿＿＿＿＿＿，＿＿＿＿＿＿，＿＿＿＿＿＿，＿＿＿＿＿＿，＿＿＿＿＿＿，＿＿＿＿＿＿。 **3. 检测元器件** 在不通电的情况下，用万用表或目视检查各元器件触点的通断情况是否良好；检查按钮中的螺钉是否完好，螺纹是否失效；检查交流接触器的线圈额定电压与电源电压是否相符。 **4. 绘制元器件安装接线图** 在图8-3中绘制三相异步电动机单按钮启停控制电路的元器件安装接线图。 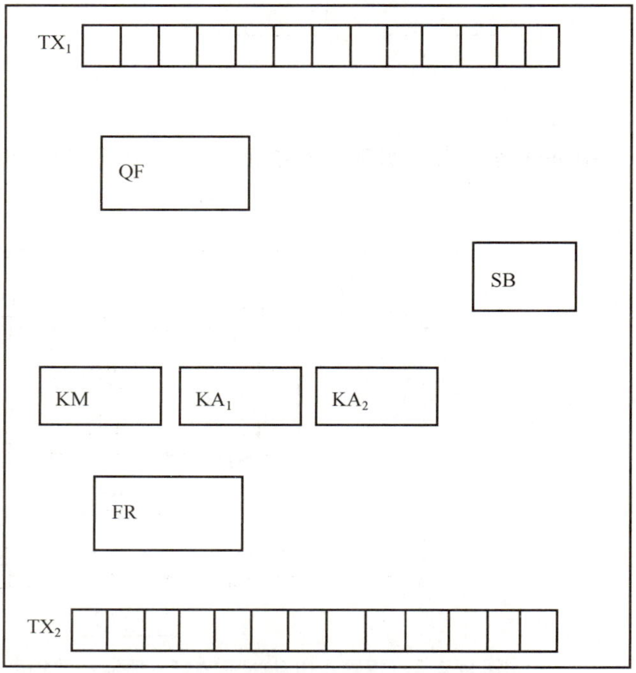 **图8-3 三相异步电动机单按钮启停控制电路的元器件安装接线图** **小提示**：在控制板上进行元器件的布置与安装时各元器件的安装位置应整齐、匀称、间距合理，便于元器件的更换。

在图8-3中绘制三相异步电动机单按钮启停控制电路的元器件安装接线图。

TX$_1$

QF

SB

KM KA$_1$ KA$_2$

FR

TX$_2$

图8-3 三相异步电动机单按钮启停控制电路的元器件安装接线图

小提示：在控制板上进行元器件的布置与安装时各元器件的安装位置应整齐、匀称、间距合理，便于元器件的更换。

项目名称	任务清单内容
任务实施	**5. 接线** （1）板前明线布线 由安装接线图（图8-3）进行板前明线布线，板前明线布线的工艺要求如下。 1）布线通道尽可能地少，同路并行导线按主、辅电路分类集中，单层密排，紧贴安装面布线。 2）同一平面的导线应高、低一致或前、后一致，走线合理，不能交叉或架空。 3）对螺栓式接线端子，导线连接时应打钩圈并按顺时针旋转；对瓦片式接线端子，导线连接时直接插入接线端子固定即可。导线连接不能压绝缘层，也不能露铜过长。 4）布线应横平竖直、分布均匀，变换走向时应垂直。 5）布线时严禁损伤线芯和导线绝缘层。 6）所有从一个接线端子（或接线桩）到另一个接线端子的导线必须完整，中间无接头。 7）一个元器件接线端子上的连接导线不得多于两根。 8）进出线应合理汇集在端子板上。 （2）检查布线 根据安装接线图检查控制板布线是否正确。 （3）安装电动机 根据安装接线图安装电动机。 （4）安装接线注意事项 1）按钮内接线时，用力不可过猛，以防螺钉打滑。 2）按钮内部的接线不要接错，启动按钮必须接动合触点（可用万用表的电阻挡判别）。 3）电动机外壳必须可靠接PE（保护接地）线。 **6. 不通电测试、通电测试** （1）不通电测试 1）按电路原理图（图8-1）或安装接线图从电源端开始，逐段核对接线及接线端子是否正确，有无漏接、错接之处。检查导线接线端子是否符合要求，压接是否牢固。 2）用万用表检查电路的通断情况。检查时，应选用倍率适当的电阻挡，并进行欧姆调零，以防短路故障发生。检查辅助控制电路时（可断开主电路），可将万用表两表笔分别接在QF的进线端和零线上，此时读数应为∞。

项目名称	任务清单内容
任务实施	按下启动按钮 SB 时，读数应为交流接触器线圈的电阻值；用手压下交流接触器 KM 的衔铁，读数也应为交流接触器线圈的电阻值。检查主电路时（可断开辅助控制电路），可以用手压下交流接触器的衔铁来代替其得电吸合时的情况进行检查，依次测量从电源端（A、B、C）到电动机出线端子（U、V、W）上的每一相电路的电阻值，检查是否存在开路现象。 （2）通电测试 操作相应按钮，观察电器动作情况。接通低压断路器 QF，引入三相电源，按下 SB 不松开，KA_1、KM 动合触点闭合，KA_1、KM 线圈得电，KA_1 动断触点断开，使 KA_2 线圈不得电，电动机启动。 **7. 故障排除** 操作过程中，如果出现不正常现象，应立即断开电源，分析故障原因，仔细检查电路（用万用表），在实训老师认可的情况下才能再次通电调试。 **引导问题：** 描述出现故障的原因，并分析过程： _____ _____ _____ _____ **小提示**：1）接通低压断路器 QF，按下按钮 SB 后分析后续相关动作；2）松开按钮 SB 后会引起线圈失电，分析后续相关动作。
任务总结	通过完成上述任务，你学到了哪些知识和技能？

项目名称	任务清单内容
任务评价	各组代表展示作品，介绍任务的完成过程，并完成评价表 8-1~表 8-3 的填写。

表 8-1　学生自评表

班级：	姓名：	学号：

任务：刨花板贴面机单按钮启停控制

评价项目	评价标准	分值	得分
完成时间	60 min 满分，每多 10 min 减 1 分	10	
理论填写	正确率 100% 为 10 分	10	
接线规范	操作规范、接线美观正确	20	
技能训练	通电测试正确	20	
任务创新	是否完成故障排除任务	10	
工作态度	态度端正，无迟到、旷课现象	10	
职业素养	安全生产、保护环境、爱护设施	20	
合计			

表 8-2　小组评价表

任务：刨花板贴面机单按钮启停控制

评价项目	分值	等级				评价对象____组
计划合理	10	优 10	良 8	中 6	差 4	
方案准确	10	优 10	良 8	中 6	差 4	
团队合作	10	优 10	良 8	中 6	差 4	
组织有序	10	优 10	良 8	中 6	差 4	
工作质量	10	优 10	良 8	中 6	差 4	
工作效率	10	优 10	良 8	中 6	差 4	
工作完整	10	优 10	良 8	中 6	差 4	
工作规范	10	优 10	良 8	中 6	差 4	
成果展示	20	优 20	良 16	中 12	差 8	
合计						

项目名称	任务清单内容

表8-3　教师评价表

班级：	姓名：	学号：

任务：刨花板贴面机单按钮启停控制

评价项目	评价标准	分值	
考勤	无迟到、旷课、早退现象	10	
完成时间	60 min 满分，每多 10 min 减 1 分	10	
理论填写	正确率100%为10分	10	
接线规范	操作规范、接线美观正确	20	
技能训练	通电测试正确	10	
任务创新	是否完成故障排除任务	10	
协调能力	与小组成员之间合作交流	10	
职业素养	安全生产、保护环境、爱护设施	10	
成果展示	能准确表达、汇报工作成果	10	
合计			

综合评价	自评（20%）	小组互评（30%）	教师评价（50%）	综合得分

项目名称列左侧：任务评价

知识学习

1. 单按钮启停电路控制工作原理

按下按钮 SB 不松开，KA_1 线圈得电，KA_1 动合触点闭合，起 KA_1 自锁作用。KA_1 动断触点断开，使 KA_2 线圈不得电。KM 动合触点闭合，使交流接触器 KM 线圈得电，KM 动合触点闭合自锁，电动机启动。

变压器原理

松开按钮 SB，观察电路中各元件动作状况，由于交流接触器 KM 吸合自锁，所以电动机连续运行。由于 KM 吸合，KM 动断触点断开，KM 动合触点闭合。

再次按下 SB 不松开，由于这时 KM 辅助触点是断开的，KM 主触点是闭合的，所以 KA_2 线圈得电，KA_2 动断触点断开，使 KA_1 线圈不能得电；KA_2 动合触点闭合，使 KA_2 自锁；KA_2 动断触点断开，使交流接触器 KM 线圈失电释放，电动机停止。

2. 什么是中间继电器

根据继电器在保护回路中的作用可将继电器分为启动继电器、量度继电器、时间继电器、信号继电器、出口继电器和中间继电器。

中间继电器的结构和原理与交流接触器基本相同，与交流接触器的主要区别在于：交流接触器的主触点可以通过大电流，而中间继电器的触点只能通过小电流。所以，它只能用于控制电路中。中间继电器一般是没有主触点的，因为过载能力比较小，所以用的全部都是辅助触点，且数量比较多。中间继电器一般是直流电源供电，少数使用交流供电。

3. 中间继电器的工作原理及作用

（1）工作原理

中间继电器的线圈装在 U 形的导磁体上，导磁体上面有一个衔铁，导磁体两侧装有两排触点单片，在非动状态下将衔铁向上托起，使衔铁与导磁体之间保持一定的间隙，当气隙间的电磁力矩超过反作用力矩时，衔铁被吸向导磁体，同时衔铁压动触点弹片，使动断触点断开，动合触点闭合，从而完成信号的传递。

（2）作用

1）隔离：控制器的输出信号与负载端电气隔离。

2）转换：例如，控制器输出信号为 DC 24 V，但负载使用 AC 220 V 供电，对于输入，可逆。

3）放大：控制器输出信号的带负载能力往往有限，在毫安或者数安的级别，如果有需要更大电流的负载，则只能通过中间继电器来转换。

4）便于维护：即使是满足负载电流要求的输出端，因为集成在控制器内部，如果损坏，那么更换维修比较麻烦，但如果通过中间继电器，则输出端的负载只是继电器的线圈，减轻了控制器输出级的负载，从而降低损坏的概率。而当中间继电器触点因为频繁地使用而损坏时，很容易通过简单的插拔完成更换。

4. 中间继电器的使用注意事项

中间继电器是一种电磁动作开关，由胶木外壳、衔铁和线圈以及动、静触点等组成，如图 8-4 所示。当线圈接通电源时，衔铁动作，带动触点闭合或断开电路，从而达到多组开关同时动作的目的。一般中间继电器在电路中起着小功率信号变换作用，并能扩大受控电器的触点数量。使用中间继电器时应注意以下 2 个问题。

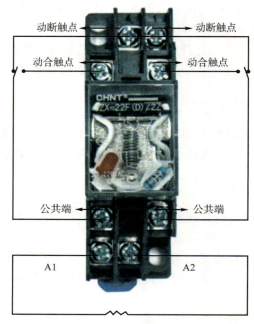

图 8-4　中间继电器图解

1）中间继电器的触点较多，一般有 8 对、6 对等，并分动合触点和动断触点，但触点的容量较小，没有主、辅助触点之分，也没有灭弧装置，因此在应用中间继电器控制电动机启停时，只能用额定电流小于 5 A 的小型电动机，并选用一种最大型号的 JZ7 型中间继电器控制。

2）中间继电器的工作线圈的额定电压有许多种，在应用中一定要使接入中间继电器线圈的工作电压符合中间继电器线圈的额定电压的要求。

中间继电器作为启动按钮和停止按钮的结构示意如图 8-5、图 8-6 所示。

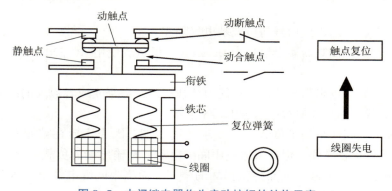

图 8-5　中间继电器作为启动按钮的结构示意

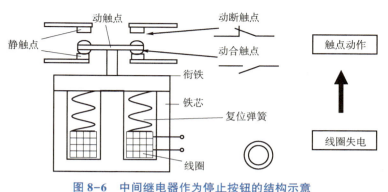

图8-6　中间继电器作为停止按钮的结构示意

5. 中间继电器常见问题及解决方案

（1）触点松动和开裂

触点是继电器完成切换负荷的电接触零件，有些产品的触点是靠铆装配合的，其主要的弊病是触点松动、触点开裂或尺寸位置偏差过大，这将影响继电器的接触可靠性。出现触点松动，是簧片与触点的配合部分尺寸不合理或操纵者对铆压力调节不当造成的。触点开裂是材料硬度过高或压力太大造成的。对于不同材料的触点应采用不同的工艺，有些硬度较高的触点材料应进行退火处理，特别是在进行触点制造、铆压或点焊时。触点制造应细心，因为材料有公差存在，因此每次切断长度应试摸后决定。触点制造不应出现飞边、垫伤及不饱满现象。触点铆偏则是操纵者将模具未对正、上下有错位造成。触点损伤、污染则是未清理干净模具上的油污和铁屑等造成的。不管是何种弊病，都将影响继电器的工作可靠性。因此，在触点制造、铆装或电焊过程中，要遵守首件检查、中间抽样和终极检查的自检规定，以提高装配质量。

（2）继电器参数不稳定

电磁继电器的零部件相当大部分是铆装配合的，存在的主要问题是铆装处松动或结合强度差。这种问题会使继电器参数不稳定，高低温下参数变化大，抗机械振动、抗冲击能力差。造成这种问题的原因主要是被铆零件超差、零件放置不当、工模具质量不合格或安装不正确。因此，在铆焊前要仔细检验工模具和被铆零件是否符合要求。

（3）电磁系统铆装件变形

铆装后零件弯曲、扭斜、墩粗黑给下道工序的装配或调整造成困难，甚至会造成报废。造成这种问题的原因主要是被铆零件超长、过短或铆装时用力不均匀，模具装配偏差或设计尺寸有误，零件放置不当。在进行铆装时，操纵工人应当首先检查零部件尺寸、外形，模具是否正确，假如模具未安装到位则会影响电磁系统的装配质量或导致铁芯变形、墩粗。

（4）玻璃绝缘子损伤

玻璃绝缘子是由金属插脚与玻璃烧结而成，在检查、装配、调整、运输、清洗时容易出现插脚弯曲，玻璃绝缘子掉块、开裂，而造成漏气并使绝缘及耐压性能下降，插脚转动还会造成接触簧片移位，影响产品可靠通断。这就要求装配的操纵者在继电器生产的整个过程中要轻拿轻放，零部件应整齐排放在传递盒内，装配或调整时，不允许扳动或扭转引出脚。

（5）线圈故障

继电器使用的线圈种类繁多，有外包的，也有无外包的，线圈都应单件隔开放置在专用器具中，如果发生碰撞交连，则在分开时会造成断线。在电磁系统铆装时，手扳压床和压力机压力调整应适中，压力太大会造成线圈断线或线圈架开裂、变形、绕组被击穿；压力太小又会造成绕线松动，磁损增大。多绕组线圈一般是用颜色不同的引线做头，焊接时，应注意分辨，否则将会造成线圈焊错。有始末端要求的线圈，一般用做标记的方法标明始末端，装配和焊接时应注意，否则会造成继电器极性相反。

注意事项

本任务所选用的交流接触器线圈的额定电压均为 220 V。

拓展训练

训练 1　说出本次实训所用的所有元器件（名称、型号、主要参数）。

训练 2　什么是单按钮启停控制？日常生活中有哪些现象应用了单按钮控制？

任务九　起吊电动机能耗制动控制电路安装、调试与检修

项目名称	任务清单内容
任务情境	在刨花板生产过程中会用到一个起吊机，它将堆叠起来的一块块木板搬运到指定位置进行运输，在起吊的过程中会有抱闸功能，避免意外情况发生，如导致设备损坏或者操作人员受伤等。刨花板生产所用的起吊机是由 4 个电动机通过皮带来搬运刨花板的。 　　那么如何实现电动机的能耗制动控制呢？
任务目标	1）掌握能耗制动实现方法； 2）识读三相异步电动机能耗制动控制电路原理图； 3）完成其电路的安装接线与调试； 4）能进行电路的检查和故障排除。
任务要求	设计电气电路包含主电路的设计和辅助控制电路的设计。主电路设计：合上低压断路器 QF，电动机运转，断开低压断路器 QF，电动机停转。辅助控制电路设计：利用 KM_1 和 KM_2 的动断触点互相串接在对方线圈支路中，起到电气互锁的作用，以避免两个交流接触器同时得电造成主电路电源短路。时间继电器 KT 控制 KM_2 线圈得电的时间，从而控制电动机通入直流电进行能耗制动的时间。
任务分组	<table><tr><td>班级</td><td></td><td>组号</td><td></td><td>指导老师</td><td></td></tr><tr><td>组长</td><td></td><td>学号</td><td></td><td></td><td></td></tr><tr><td rowspan="4">组员</td><td></td><td></td><td></td><td></td><td></td></tr><tr><td></td><td></td><td></td><td></td><td></td></tr><tr><td></td><td></td><td></td><td></td><td></td></tr><tr><td></td><td></td><td></td><td></td><td></td></tr></table>

项目名称	任务清单内容
任务准备	**引导问题 1：** 电动机能耗制动控制中所用的实训器材有哪些？ **引导问题 2：** 简述电动机能耗制动控制主电路和辅助控制电路的接线设计思路。 **引导问题 3：** 根据图9-1描述电动机能耗制动控制运行工作原理。 **能耗制动原理** 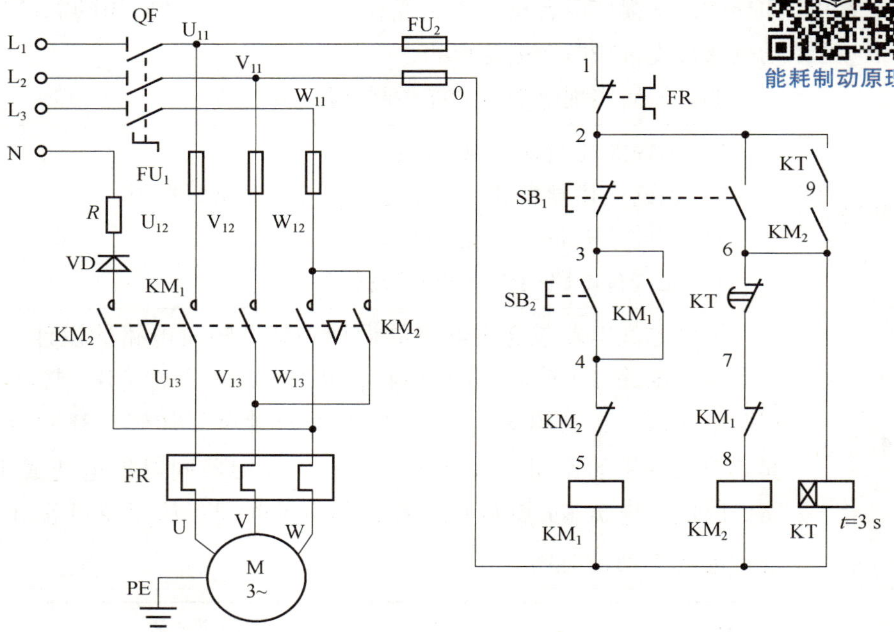 **图9-1　三相异步电动机能耗制动控制电路原理** **小提示：** 1）回顾交流接触器的工作原理；2）交流接触器线圈和触点是一个整体，不要分割来看；3）注意启动和停止按钮均为点动。

项目名称	任务清单内容
任务准备	**引导问题 4：** 简述时间继电器的工作原理。 **引导问题 5：** 简述时间继电器的使用方法。 **引导问题 6：** 配齐电路所需的元器件，如何进行必要的检测？
任务实施	**1. 识读电路图** 根据任务要求，明确图 9-2 所示电路中所用的元器件及其作用。 图 9-2　三相异步电动机能耗制动控制的辅助控制电路原理

项目名称	任务清单内容
任务实施	**小提示**：1）理解熔断器的标识和作用；2）理解热继电器过载保护的原理和热继电器的接线要求。 **2. 实训工具、仪表和器材** 1）工具：_____，_____，_____，_____，_____。 2）仪表：_____，_____。 3）器材：_____，_____，_____，_____，_____，_____，_____。 **3. 检测元器件** 在不通电的情况下，用万用表或目视检查各元器件触点的通断情况是否良好；检查熔断器的熔体是否完好；检查按钮中的螺钉是否完好，螺纹是否失效；检查交流接触器的线圈额定电压与电源电压是否相符。 **4. 绘制元器件安装接线图** 在图9-3中绘制三相异步电动机能耗制动控制电路的元器件安装接线图。 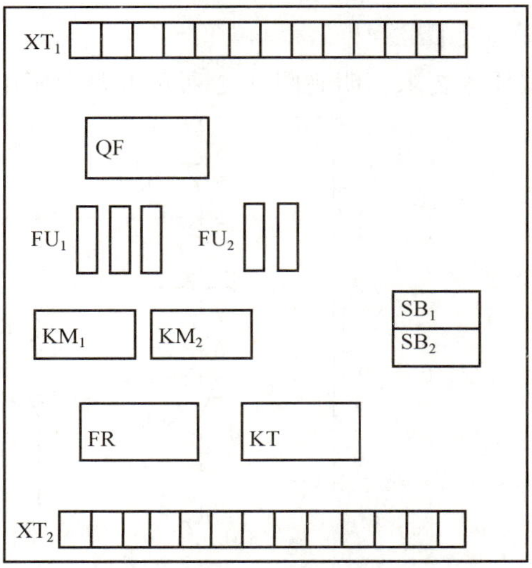 图9-3　三相异步电动机能耗制动控制电路的元器件安装接线图 **小提示**：在控制板上进行元器件的布置与安装时各元器件的安装位置应整齐、匀称、间距合理，便于元器件的更换。

4. 绘制元器件安装接线图

在图9-3中绘制三相异步电动机能耗制动控制电路的元器件安装接线图。

XT₁

QF

FU₁　　FU₂

KM₁　KM₂　　　SB₁ / SB₂

FR　　KT

XT₂

图9-3　三相异步电动机能耗制动控制电路的元器件安装接线图

项目名称	任务清单内容
任务实施	**5. 接线** （1）板前明线布线 由安装接线图（图 9-3）进行板前明线布线，板前明线布线的工艺要求如下。 1）布线通道尽可能地少，同路并行导线按主、辅电路分类集中，单层密排，紧贴安装面布线。 2）同一平面的导线应高、低一致或前、后一致，走线合理，不能交叉或架空。 3）对螺栓式接线端子，导线连接时应打钩圈并按顺时针旋转；对瓦片式接线端子，导线连接时直接插入接线端子固定即可。导线连接不能压绝缘层，也不能露铜过长。 4）布线应横平竖直、分布均匀，变换走向时应垂直。 5）布线时严禁损伤线芯和导线绝缘层。 6）所有从一个接线端子（或接线桩）到另一个接线端子的导线必须完整，中间无接头。 7）一个元器件接线端子上的连接导线不得多于两根。 8）进出线应合理汇集在端子板上。 （2）检查布线 根据安装接线图检查控制板布线是否正确。 （3）安装电动机 根据安装接线图安装电动机。 （4）安装接线注意事项 1）按钮内接线时，用力不可过猛，以防螺钉打滑。 2）按钮内部的接线不要接错，启动按钮必须接动合触点（可用万用表的电阻挡判别）。 3）时间继电器的整定时间不要调得太长，以免制动时间过长引起电动机定子绕组发热。 4）进行制动时要将停止按钮 SB_1 按到底。 5）整流二极管要配装散热器和固定散热器的支架。 6）电动机外壳必须可靠接 PE（保护接地）线。 **6. 不通电测试、通电测试** （1）不通电测试 1）按电路原理图（图 9-1）或安装接线图从电源端开始，逐段核对接线及接线端子是否正确，有无漏接、错接之处。检查导线接线端子是否符合要求，压接是否牢固。

项目名称	任务清单内容
任务实施	2）用万用表检查电路的通断情况。检查时，应选用倍率适当的电阻挡，并进行欧姆调零，以防短路故障发生。检查辅助控制电路时（可断开主电路），可将万用表两表笔分别接在 FU_2 的进线端与零线上（W_{11} 和 N），此时读数应为∞。按下启动按钮 SB_2，读数应为交流接触器 KM_1 线圈的电阻值；用手压下交流接触器 KM_1 的衔铁，使 KM_1 的动合触点闭合，读数也应为 KM_1 线圈的电阻值。按下停止按钮 SB_1，读数应为交流接触器 KM_2 和时间继电器 KT 两个线圈并联的电阻值；用手压下 KM_2 的衔铁，使 KM_2 的动合触点闭合，读数也应为 KM_2 和 KT 线圈并联的电阻值。 检查主电路时（可断开辅助控制电路），可以用手压下交流接触器的衔铁来代替其得电吸合时的情况，依次测量从电源端（L_1、L_2、L_3）到电动机出线端子（U、V、W）上的每一相电路的电阻值，检查是否存在开路现象。 3）用绝缘电阻表检查电路的绝缘电阻，不得小于 0.5 MΩ。 （2）通电测试 操作相应按钮，观察电器动作情况。合上低压断路器 QF，引入三相电源，按下 SB_1，观察 KM_1 和 KM_2 的动断触点在对方线圈支路中起到的互锁作用，以及时间继电器 KT 控制 KM_2 线圈得电的时间，从而控制电动机通入直流电进行能耗制动的时间。 **7. 故障排除** 操作过程中，如果出现不正常现象，应立即断开电源，分析故障原因，仔细检查电路（用万用表），在实训老师认可的情况下才能再次通电调试。 **引导问题：** 描述出现故障的原因，并分析过程： _____ _____ _____ _____ **小提示：**1）接通低压断路器 QF，按下按钮 SB_1 后分析后续相关动作；2）松开按钮 SB_1 后会引起线圈失电，分析后续相关动作。

项目名称	任务清单内容
任务总结	通过完成上述任务，你学到了哪些知识和技能？
任务评价	各组代表展示作品，介绍任务的完成过程，并完成评价表9-1～表9-3的填写。

表9-1　学生自评表

班级：		姓名：		学号：
任务：起吊电动机能耗制动控制				
评价项目	评价标准		分值	得分
完成时间	60 min 满分，每多 10 min 减 1 分		10	
理论填写	正确率 100% 为 10 分		10	
接线规范	操作规范、接线美观正确		20	
技能训练	通电测试正确		20	
任务创新	是否完成故障排除任务		10	
工作态度	态度端正，无迟到、旷课现象		10	
职业素养	安全生产、保护环境、爱护设施		20	
合计				

项目名称	任务清单内容
任务评价	

表 9-2 小组评价表

任务：起吊电动机能耗制动控制					
评价项目	分值	等级			评价对象＿＿组
计划合理	10	优 10	良 8	中 6	差 4
方案准确	10	优 10	良 8	中 6	差 4
团队合作	10	优 10	良 8	中 6	差 4
组织有序	10	优 10	良 8	中 6	差 4
工作质量	10	优 10	良 8	中 6	差 4
工作效率	10	优 10	良 8	中 6	差 4
工作完整	10	优 10	良 8	中 6	差 4
工作规范	10	优 10	良 8	中 6	差 4
成果展示	20	优 20	良 16	中 12	差 8
合计					

表 9-3 教师评价表

班级：　　　　　　　　姓名：　　　　　　　　学号：

任务：起吊电动机能耗制动控制				
评价项目	评价标准	分值	
考勤	无迟到、旷课、早退现象	10	
完成时间	60 min 满分，每多 10 min 减 1 分	10	
理论填写	正确率 100% 为 10 分	10	
接线规范	操作规范、接线美观正确	20	
技能训练	通电测试正确	10	
任务创新	是否完成故障排除任务	10	
协调能力	与小组成员之间合作交流	10	
职业素养	安全生产、保护环境、爱护设施	10	
成果展示	能准确表达、汇报工作成果	10	
合计			
综合评价	自评（20%）	小组互评（30%）	教师评价（50%）	综合得分

知识学习

1. 能耗制动控制电路

切断电动机的三相交流电源后，立即在定子绕组中通入一个直流电源，以产生一个恒定的磁场，而因惯性旋转的转子绕组则切割磁力线产生感应电流，继而产生与惯性转动方向相反的电磁转矩，对转子起到制动作用。当电动机转速降至零时，再切除直流电源。这种消耗转子的机械能，并将其转化成电能，从而产生制动力的制动方法，称为能耗制动法。

2. 能耗制动的特点

1）制动作用的强弱与直流电流的大小和电动机转速有关，在同样的转速下电流越大制动作用越强。一般取直流电流为电动机空载电流的3~4倍，过大会使定子过热。

2）电动机能耗制动时，制动转矩随电动机的惯性转速下降而减小，故制动平稳且能量消耗小，但是制动力较弱，特别是低速时尤为突出；另外控制系统需附加直流电源装置。

3）一般在重型机床中常与电磁抱闸配合使用，先能耗制动，待转速降至一定值时，再令抱闸动作，可有效实现准确、快速停车。

4）能耗制动一般用于制动要求平稳准确、电动机容量大和制动频繁的场合，如磨床、龙门刨床及组合机床的主轴定位等。

3. 时间继电器的基本特点、用途及主要分类

（1）时间继电器的基本特点和用途

1）时间继电器中的空气可以影响时间继电器，其能够根据一定体积的空气产生的阻力来延时地上下摇动。时间继电器结构简单，价格较贵，但是其精确度很高。

2）有些时间继电器延时的时间超短，短到甚至只有零点几秒，相对这样的时间继电器，一般情况下其结构比较简单，通常运用在直流电路中。

3）电动式时间继电器的作用原理跟现在的钟表有点类似，其内部电动机可以有效地带动减速齿轮来实现其他时间继电器的功能。相比其他时间继电器，这种继电器延时精度高，但价格也比较贵。

4）晶体管式时间继电器具有体积小的特点，因为使用超级方便，所以现在最为常见。

（2）时间继电器的主要分类

1）按延时方式分类：可分为通电延时型和断电延时型两种。

通电延时型时间继电器在获得输入信号后立即开始延时，需待延时完毕，其执行部分才能输出信号以操纵控制电路；当输入信号消失后，继电器立即恢复到动作前的

状态。

断电延时型时间继电器恰恰相反，当获得输入信号后，执行部分立即有输出信号；而在输入信号消失后，继电器却需要经过一定的延时，才能恢复到动作前的状态。

时间继电器不同延时方式的图解如图9-4所示。

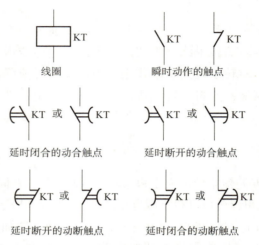

图9-4 时间继电器不同延时方式的图解

2）按工作原理分类：可分为空气阻尼式、电子式、电动式、电磁式等。

空气阻尼式时间继电器利用空气通过小孔时产生阻尼的原理获得延时，实物如图9-5所示。其结构由电磁系统、触点和延时机构三部分组成。电磁系统为双口直动式，触点为微动开关，延时机构采用气囊式阻尼器。

电子式时间继电器是利用 RC 电路中电容电压不能跃变，只能按指数规律逐渐变化的原理，即电阻尼特性获得延时的，实物如图9-6所示。其特点是延时范围广，最长可达3 600 s；精度高，一般为5%左右；体积小；耐冲击震动；调节方便。

图9-5 空气阻尼式时间继电器实物

图9-6 电子式时间继电器实物

电动式时间继电器是利用微型同步电动机带动减速齿轮系获得延时的，实物如图9-7所示。其特点是延时范围广，可达72 h，延时准确度可达1%，同时延时值不受电压波动和环境温度变化的影响。电动式时间继电器的延时范围与精度是其他时间继电器无法比拟的，其缺点是结构复杂、体积大、寿命低、价格贵，准确度受电源频率影响。

电磁式时间继电器是利用电磁线圈断电后磁通缓慢衰减，使磁系统的衔铁延时释放而获得触点的延时动作原理而制成的，实物如图9-8所示。其特点是触点容量大，故控制容量大，但延时时间范围小，精度稍差，主要用于直流电路的控制。

图9-7 电动式时间继电器实物　　　　**图9-8 电磁式时间继电器实物**

4. 时间继电器的接线方法

控制接线：把它看成直流继电器来考虑。

工作控制：虽然控制电压接上了，但是否起控制作用，由面板上的计时器决定。

功能理解：相当于一个单刀双掷开关，有一个活动点和活动臂，如同闸刀开关的活动刀臂一样。

负载接线：电源的零线或负极接用电器的零线或负极端。

5. 时间继电器的使用注意事项

1）时间继电器的触点容量是有限的，不能带大负载。

2）断电延时型时间继电器，在断开电源后，利用内部存储的电能来完成电路的运行，其电量是有限的，一般最大定时时间是30 min，若有特殊要求则可以和厂家订制。

3）时间继电器在工作中可以修改设定值，继电器只会依据修改前的设定值运行，除非断一次电才会改变。

4）时间继电器的复位端子间只能接无源开关，千万不能接入电源，否则会损坏继电器。

5）使用中断开电源到接通的间隔时间，要大于1 s以上，如果小于1 s，可能会因内部电容器件储存电能而不能准确执行操作。

6）时间继电器在使用时一定要识别工作电压，不要因弄错电压等级而烧坏继电器。

注意事项

本任务所选用的交流接触器线圈的额定电压均为 220 V。

拓展训练

训练 1　说出本次实训所用的所有元器件（名称、型号、主要参数）。

训练 2　日常生活中有哪些现象应用了能耗制动电路？

附录 A   安全用电的基本知识

1. 学会看安全用电标志

明确统一的标志是保证安全用电的一项重要措施。统计表明，不少电气事故完全是由于标志不统一而造成的。例如，由于导线的颜色不统一，误将相线接入设备的机壳，而导致机壳带电，酿成触点伤亡事故。

标志分为颜色标志和图形标志。颜色标志常用来区分各种不同性质、不同用途的导线，或用来表示某处的安全程度。图形标志一般用来告诫人们不要去接近有危险的场所。为保证安全用电，必须严格按有关标准使用颜色标志和图形标志。我国安全色标采用的标准，基本上与国际标准草案（ISD）相同。一般采用的安全色有以下 5 种。

1）红色：用来标志禁止、停止和消防，如信号灯、信号旗、机器上的紧急停机按钮等都是用红色来表示"禁止"的信息。

2）黄色：用来标志注意危险，如"当心触点""注意安全"等。

3）绿色：用来标志安全无事，如"在此工作""已接地"等。

4）蓝色：用来标志强制执行，如"必须戴安全帽"等。

5）黑色：用来标志图像、文字符号和警告标志的几何图形。

按照规定，为便于识别，防止误操作，确保设备运行和检修人员的安全，采用不同颜色来区别设备特征。例如，电气母线，A 相为黄色，B 相为绿色，C 相为红色，明敷的接地线涂为黑色；在二次系统中，交流电压回路用黄色，交流电流回路用绿色，信号和警告回路用白色。

2. 安全用电须知

1）安全用电，人人有责，确保人身和设备安全。

2）用电要申请，安装、修理找电工；不准私拉乱接用电设备。

3）临时用电，要向当地供电所办理用电申请手续；用电设备安装要符合规程，验收合格后方可接电；用电期间电力设施应有专人看管，用完及时拆除，不准长期带电。

4）严禁私自改变低压系统运行方式、利用低压线路输送广播或通信信号，以及采用"相—地"等方式用电。

5）严禁私设电网防盗、捕鼠、狩猎和用电捕鱼。

6）严禁使用电视天线、电话线等非规范的导体代替电线。

7）严禁使用挂钩线、破股线、地爬线和绝缘不合格的导线接电。

8）严禁攀登、跨越电力设施的保护围墙或遮栏。

9）严禁往电力线、变压器等电力设施上扔东西。

10）不准在电力线路、电力设备等电力设施附近放炮采石。

11）不准靠近电杆挖坑或取土；不准在电杆上拴牲口；不准破坏拉线，以防倒杆断线。

12）不准在电力线上挂晒衣物，晒衣物（绳）与电力线要保持 1.25 m 以上的水平距离。

13）不准将通信线、广播线和电力线同杆架设；通信线、广播线、电力线进户时要明显分开，发现电力线与其他线搭接时，要立即找电工处理。

14）不得在高压电力线路底下盖房子、打井、打场、堆柴草、栽树。

15）在电力线等电力设施附近立井架、修理房屋或砍伐树木时，必须经电力部门同意，采取防范措施。

16）演戏、放电影和集会等活动时要远离架空电力线路和其他电力设备，防止触电伤人。

17）教育儿童不要玩弄电器设备，不要爬电杆，不要摇晃拉线，不要爬变压器台，不要在电力线附近打鸟、放风筝或进行有其他损坏电力设备的行为。

18）发现电力线断落时，不要靠近落地点，更不能触摸断电线，要离开导线的落地点 8 m 以外；并看守现场，立即找电工处理或报告供电所。

19）发现有人触电，不要赤手去拉触电者的裸露部位；应尽快断开电源，并按《紧急救护法》进行抢救。

20）必须跨房的低压电力线，要与房顶的垂直距离保持 2.5 m 及以上；对建筑物的水平距离应保持 1.25 m 及以上。

21）架设电视天线时应远离电力线路；天线杆与高低压电力线路最近处的最小距离应大于 3.0 m，天线拉线与上述电力线的净空距离应大于 3.0 m。

22）家庭用电禁止乱接电源和使用带插座的灯头。

23）用户维修电器或接室内电线时，应先断开电源开关再工作。

24）用户发现广播喇叭发出奇怪声音时，不准乱动设备，要先断开广播电源开关，再找电工处理。

25）擦拭灯头、开关、电器时，要断开电源开关后进行；更换灯泡时，要站在干燥木凳等绝缘物上。

26）发现电力线路、设备发生故障时，如线路断线、倒杆、避雷器被击穿、变压器被烧毁等故障，要及时向当地供电所或县调度室汇报，以便能尽快抢修，恢复供电。

3. 如何应急处置触电事故

1）发现有人触电时，首先使触电者迅速脱离电源，千万不要用手去拉触电者，赶快拉断开关，断开电源，或用干燥的木棒、竹竿挑开电线，或用有绝缘柄的工具切断电线。

2）将脱离电源的触电者迅速移至通风干燥处仰卧，松开其上衣和裤带，观察触电者有无呼吸，摸其颈动脉有无搏动。

3）用正确的人工呼吸和胸外心脏按压法进行现场急救，同时及时拨打 120 急救电话，呼叫医务人员尽快赶到现场进行救治，在医务人员未到达前，现场挽救人员不应放弃现场抢救。严禁对触电人打强心针。

附录 B 作业现场整理（6S 管理）

1. 什么是 6S 管理

6S 管理是管理模式，即整理（SEIRI）、整顿（SEITON）、清扫（SEISO）、清洁（SEIKETSU）、素养（SHITSUKE）、安全（SECURITY），如图 B-1 所示。

图 B-1 6S 管理

2. 6S 基础知识

6S 是将生产现场中的人员、机器、材料、方法等生产要素进行有效的管理，针对企业每位员工的日常工作行为提出要求，倡导从小事做起，力求使每位员工都养成事事"讲究"的习惯，从而达到提高整体工作质量的目的。

（1）整理（SEIRI）

定义：区分要与不要的东西，在岗位上只放置适量的必需品，其他一切都不放置。

目的：腾出空间，防止误用。

（2）整顿（SEITON）

定义：整顿现场次序，将必需品置于任何人都能立即取到和立即放回的状态。

目的：腾出时间，减少寻找必需品的时间，创造井井有条的工作秩序。

（3）清扫（SEISO）

定义：将岗位变得干净整洁，设备保养得铮亮完好，创造一尘不染的环境。

目的：消除"污脏"，保持现场干净明亮

（4）清洁（SEIKETSU）

定义：也称规范，将前 3S 进行到底，并且规范化、制度化。

目的：形成制度和惯例，维持前 3S 的成果。

（5）素养（SHITSUKE）

定义：建立并形成良好的习惯与意识，从根本上提升人员的素养。

目的：提升员工修养，培养良好素质，提升团队精神，实现员工的自我规范。

（6）安全（SECURITY）

定义：人人有安全意识，人人按安全操作规程作业。

目的：凸显安全隐患，减少人身伤害和经济损失。

6个S之间的关系如图B-2所示。

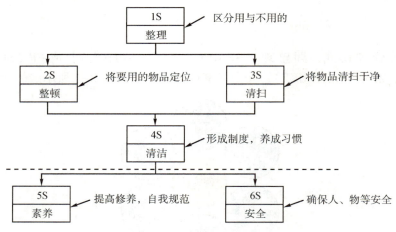

图B-2　6个S之间的关系

3. 开展的步骤

（1）整理

区域的划分一定要结合科研生产实际情况，不可过于标新立异，不相容物品一定要分区摆放，相容物品可以同区摆放，但要标识清楚，避免误拿误放。例如：根据加工品的质量情况分为待检区、已检区，其中已检区分为合格区和不合格区；电镀物资分为酸性区和碱性区；工具分为刀具、量具、刃具；加工物品分为待加工区、已加工区。

（2）整顿

分类摆放，区域大小合适，有一定的安全空间或维修空间；物品的摆放位置根据物品的使用频率决定；摆放可以借助地面、工具柜、架子、墙等媒介，摆放位置要符合先进先出和账卡物相符原则；特殊物品摆放位置要醒目；危险品要有防护措施，使人员不容易接触，出现问题后的损失要尽可能小。

（3）清扫

在整理、整顿基础上，清洁场地、设备、物品，形成干净的工作环境；人人参与，清扫区域责任到人，不留死角；一边清扫，一边改善设备状况；寻找并杜绝污染源，建立相应的清扫基准。

（4）清洁

不断地进行整理、整顿、清扫，彻底贯彻以上3S；坚持不懈，不断检查、总结以持续改进；将好的方法和要求纳入管理制度与规范，由突击行动转化为常规行动。

（5）素养

继续推动以上 4S 直至习惯化；制订相应的规章制度；教育培训、激励，将外在的管理要求转化为学生自身的习惯、意识，使上述各项活动形成自觉行动。

（6）安全

建立系统的安全管理体制；重视员工的培训教育；实行现场巡视，排除隐患；创造明快、有序、安全的工作环境。

贯彻 6S 后的效果如图 B-3 所示。

图 B-3　贯彻 6S 后的效果

参 考 文 献

［1］郑宁. 电动机拖动与调速技术［M］. 北京：北京邮电大学出版社，2015.

［2］徐荣丽，张卫华. 电动机与拖动技术［M］. 2 版. 北京：北京航空航天大学出版社，2019.

［3］张晓江，顾剩谷. 电动机及拖动基础［M］. 北京：机械工业出版社，2021.

［4］安智勇，朱立强，崔颖斌. 电动机与拖动技术基础［M］. 北京：中国铁道出版社，2015.

［5］杨勇，张晓娟. 电动机及电力拖动技术［M］. 北京：中国铁道出版社，2014.

［6］刘爱民. 电动机与拖动技术［M］. 大连：大连理工大学出版社，2011.